短视频创作和运营

主　编　强　洪
副主编　袁晓瑢　陈鑫仪　丁梦兰
　　　　崔海鸥　高　杰

U0250627

南京大学出版社

图书在版编目(CIP)数据

短视频创作和运营 / 强洪主编. —南京 ：南京大
学出版社，2024.7
ISBN 978－7－305－26999－8

Ⅰ．①短… Ⅱ．①强… Ⅲ．①视频制作②网络营销
Ⅳ．①TN948.4②F713.365.2

中国国家版本馆 CIP 数据核字(2023)第 091629 号

出版发行 南京大学出版社
社　　址　南京市汉口路22号　　　邮　　编　210093
书　　名　短视频创作和运营
　　　　　DUANSHIPIN CHUANGZUO HE YUNYING
主　　编　强　洪
责任编辑　武　坦　　　　　　　　编辑热线　025－83592315
照　　排　南京开卷文化传媒有限公司
印　　刷　南京人民印刷厂有限责任公司
开　　本　787 mm×1092 mm　1/16　　印张 8.75　字数 181 千
版　　次　2024 年 7 月第 1 版　2024 年 7 月第 1 次印刷
ISBN 978－7－305－26999－8
定　　价　49.80 元

网　　址:http://www.njupco.com
官方微博:http://weibo.com/njupco
微信服务号:njuyuexue
销售咨询热线:(025)83594756

前　言

  《短视频创作和运营》是一本专为渴望深入理解短视频行业并希望在其中取得成就的读者所准备的书籍。在这个快速变化的媒体时代，短视频已经成为一种不可忽视的文化和商业现象。本书不仅追溯了短视频从概念诞生到成为主流媒介的发展历程，还详细描绘了早期创新者们如何逐步塑造这个行业的原始面貌，并且记录了随着科技演进及用户需求变化，整个行业如何持续进化和扩展边界。

  在分析当前市场概况和趋势时，我们聚焦于最新的技术进展、用户参与模式、内容创意趋势以及商业模式变革。我们探讨了人工智能、大数据、5G网络等技术进步如何推动内容创作的革新，以及这些技术如何影响内容的分发和消费。同时，我们也关注政策环境对于行业健康发展的重要作用，并分析了不断变化的法规对于内容创作者和平台运营商的潜在影响。

  本书旨在为不同类型的读者提供价值：无论是寻求建立或提升个人品牌影响力的内容创作者，致力于提高平台影响力和运营效率的专业人士，还是对短视频行业充满好奇并希望深入研究的学者和学生。我们精心设计的阅读指南将帮助读者高效地吸收书中的精华，确保每个人都能在自己的短视频旅程中获得最大的收益。

  在这个充满机遇和挑战的短视频世界中，我们希望《短视频创作与运营》能够为你提供必要的知识、策略和灵感。让我们一起探索短视频的奥秘，发现无限的可能性，并在这一领域创造我们的篇章。

编　者

2024年6月

目　录

第一章 初识新媒体时代下短视频的崛起

2016 年是短视频元年,这种媒介形式在之后的几年内获得了突飞猛进的发展,同时也创造了内容创业的新风口。如今,短视频与现代人们生活娱乐已经紧密融合,要想在这一行业成功扎根,首先要了解这种媒介形式的特征、兴起原因和未来发展趋势,然后找到适合自己的"路子"。本章将引领读者一起初识短视频。

1.1 短视频概述

1.1.1 短视频的定义

短视频是新媒体时代下基于互联网诞生的一种新型媒介形式,在当今快节奏的社会中,人们的注意力越来越分散,短视频因此成为一种能够快速吸引观众并在短时间内提供娱乐或信息的理想媒介。无论是在通勤途中、等待期间还是简单的休息时间,短视频都能为用户提供即时的满足感和便捷的消费体验。

一般短视频的长度以"秒"计数,时长内容在几秒到几分钟不等,主要依托于移动智能终端,在各种社交媒体平台实时分享与无缝对接。在移动互联网时代,人们的时间越来越碎片化,短视频依靠时长短,大数据精确化推送的优势吸引大量的用户,其迅速崛起从不同维度打开了互联网视频城市的窗口,如今已成为很多年轻人新的就业方向。

1.1.2 短视频的特点

1.1.2.1 门槛低与易拍摄

相比较传统的影视剧、广告以及主流媒体视频需要专业的团队制作,短视频制作相对简单。得益现代社会中智能手机的普及,其自身的摄影摄像功能不断升级完善,以及各种线上剪辑 App 推广,使得非专业人群也能根据自身的需求进行拍摄、制作、上传自己的短视频作品。

除此之外,近年来各种线上教育、网课已经成为年轻人接受知识、学习技能的新方式。2019 年 4 月,央视网发表《知道吗？这届年轻人爱上 B 站搞学习》,官方认证 B 站(哔哩哔哩)学习氛围,而"半佛仙人""巫师财经"等知名财经 UP 主的入驻及动辄数百万的视频点击率都给 B 站持续做教育内容注入强心剂。2020 年,法学教授罗翔加入 B 站,以一己之力带动数百万人学习刑法,进一步印证了 B 站做"社区大学"的实力。而近年来,视频拍摄、制作、剪辑类的相关线上教学的几何式增长,使得越来越多的年轻人投入短视频的创作之中。

1.1.2.2 多元化与个性化

近年来,短视频的持续增长离不开优质内容的持续输出。内容上短小精悍、生动有趣、娱乐性较强,并且不拘泥于传统视频形式上的固化,让短视频的内容呈现出多元化与个性化的趋势。从内容上来划分,可大致分为搞笑类、剧情类、解说类、生活技巧类、才艺展示类、时尚美妆类、清新文艺类、教育培训类、美食类、旅行类等类型。并且随着短视频从业者的不断增多,短视频的内容划分会呈现出更加专门化和类型化的趋势。

现在的短视频创作百花齐放,吸引着人们去观看,如果想在其中脱颖而出,就需要大量的想法和创意。许多充满个性和创意的视频,会让人看完一遍还觉得不过瘾,想再看一遍,这就是短视频的优秀之处。个性化的内容也更容易形成 IP 价值,吸引大量的忠实粉丝关注,流量的商业变现也更容易实现。因此,如何创作出更富有个性创意的短视频内容,是每一位短视频从业者应该去思考的一个问题。

1.1.2.3 高速化与社交化

传统视频媒介如影视剧、广告、大众媒体依靠的传播平台往往是电影院、电视台以及各种流媒体平台,这种平台或带有官方政府属性,或本身带有较强的商业属性。视频内容的传播输出往往是单向的,受众是被动的,互动性较弱。而短视频的媒体传播平台门槛较低,且渠道多样,可以实现内容的裂变式传播,先是在微博朋友圈的熟人之间相互转发点赞,然后平台可以根据其点击量和关注度,运用大数据分析精确推送给相关受众,瞬间引爆网络。在 5G 浪潮的加持下,多方位的传播渠道和方式使短视频的信息内容呈现病毒化的扩散传播,其信息传播的力度之大、范围之广、交互性之强是前所未有的。

1.1.2.4 碎片化与快餐化

传统视频特别是影视剧,电视节目时长往往在 20 分钟以上,因时间和空间上的局限,极大地限制了受众对于视频信息的接受自由度。而随着当今社会现代化和城市化的进程不断加快，人们日常工作和生活变得越来越程序化和符号化，日常时间被拆解得碎片化。生活节奏的加快也让人们无法长时间关注传统视频媒体，这也制约了人们对影音娱乐休闲方式的需求。

但短视频的时长一般控制在 15 秒到 5 分钟之间，注重在前 3 秒就能抓住用户，促使其停留在当前界面不会轻易刷走。人们可以利用其碎片化的时间刷短视频，在短时间内获得最大精神愉悦和信息获取，这符合现代人的生活方式，也符合大众快餐文化的消费特点。此外，目前一些主流的短视频平台（如抖音、快手、微博、微信视频号）基于其内部算法的成熟，以及用户大数据分析的精确定位，加上短视频的成瘾性玩法对人脑多巴胺分泌的刺激，使得人们日常在短视频平台上停留的时间超过传统视频平台。据统计，截至 2022 年 12 月份，中国短视频用户达 10.12 亿，短视频用户的人均单日使用时长为 168 分钟，遥遥领先于其他应用。短视频平台已不是单纯的内容应用，而是涵盖社交、电商、搜索、生活各个方面（见图 1-1）。

图 1-1

1.1.3　短视频与传统流媒体视频的区别

虽然短视频是在长视频的发展过程中衍生出来的，与长视频相比有着许多共同之处，但随着短视频的不断发展，已经形成了自己调性。那么，短视频与传统的长视频的本质区别是什么呢？我们应该从以下几个方面思考。

1.1.3.1　内容制作方式不同

短视频是 UGC（User Generated Content），即用户个人生产，时长一般不超过 20 分钟，内容属于作者，平台对此内容无版权。它的制作方式较为简单，一个人用一部智能手机就能完成视频的拍摄、编辑、上传。同时，它所制作的内容主要是为用户提供一些好玩、新奇、日常等题材，分享一些自己的日常生活或者垂直内容的一些发散性的东西，解决了用户的娱乐需求，使他们碎片化的时间被加以利用。

长视频是 PGC（Professionally Generated Content），由专业内容制作公司生产，时长一般在 30 分钟以上，内容版权属于制作方和平台方。它的制作过程一般较为复杂,往往由专业的制作团队进行策划、拍摄制作以及后期宣发,投资成本高,创作时间较长,内容丰富,制作精良,观赏性和引人思考的深度都高于短视频。

1.1.3.2　受众消费方式不同

在移动互联网普及之前,消费视频最多的载体是电视和计算机,消费的场景很窄,用户只能端坐在电视或计算机前观看视频,不适合碎片化消费;而如今人们观看短视频的场景变得更加丰富了,不管是田间地头还是地铁站,人们都可以通过手机看到丰富多彩的内容,并且随着网络资费的降低和免流量卡的出现,用户的消费成本也降低了。

不仅如此,用户消费视频的大脑也在悄然发生变化。由于算法推荐带来的个性化分发技术,用户可以看到自己最想要看的内容,这导致用户变得不再深度思考,以更快的速度追求愉悦和刺激,大脑的刺激阈值越来越高。长视频的沉浸感更好,而短视频要求直接进入主题,直接把视频最精彩的部分展示给用户。用户的这种心理和需求促使很多视频平台增加了倍速功能,旨在节省用户时间。随着时间碎片化,消费也碎片化,推广也碎片化,短视频充分利用了受众碎片化的闲暇时间,短短十几秒,受众就能获得视听感官上的愉悦,这是所有长视频都难以企及的。任何时间和地点都可以观看短视频,不受流量限制。

1.1.3.3　商业运营模式不同

短视频变现可以通过带货的形式,也是一种重要的变现模式。通过转移流量,这种模式可以提升平台收入,也可以激励创作者再次创作。长视频平台的主流商业模式有两种:C端内容付费＋B端广告投放。在国内的免费土壤下,要么付费,要么观看几十秒、上百秒的贴片广告,这种模式大大拉高了用户的使用门槛,同时也降低了用户体验。

中短视频的商业模式,是通过没有贴片广告的免费内容获取用户注意力,再不断向直播打赏、电商、本地生活等领域延伸,抢占的是注意力经济红利。无广告、不付费,用户在中短视频平台上获取内容时,成本会更低。

1.1.3.4　内容感染程度不同

前面讲的都是短视频与长视频相比具有的优势,而在内容感染度方面,短视频不及长视频。长视频重在"营造世界",而短视频重在"记录当下"。

无论是电影、电视剧还是纪录片,它们都是在营造一个完整的世界,从人物设定到感情氛围,从环境设定到情节发展,构成了一个完整的链条。这样做的目的是催眠观众,使观众沉浸在这个世界中。由于沉浸在长视频的氛围和场景中,用户进入高唤醒状态,容易产生主动消费。

短视频的感染力和共情度相对逊色得多,其"短、平、快"的特点使用户在观看视频时的状态为低唤醒状态,所以用户大多为被动消费。

1.2　短视频崛起的背景

1.2.1　技术进步与移动设备的普及

1.2.1.1　宽带互联网和 4 G/5 G 网络应用

宽带互联网和 4 G/5 G 网络是数字通信领域的重要进展,为短视频的兴起提供了强大动力。宽带互联网通过提供高速的数据传输服务,确保了用户能够快速上传和下载视频内容,无论是在家中还是办公场所,都能享受到流畅的视频体验。而随着 4 G 网络的普及,移动设备上的互联网速度大幅提升,使得在智能手机或平板电脑上观看高清视频成为可能。

进一步地,5 G 技术的到来标志着一个全新的时代,它不仅极大提高了网络速度,还通过边缘计算等技术显著降低了延迟,为实时互动视频应用提供了技术保障。这些技术的融合推动了短视频内容消费模式的转变,使用户能够在移动设备上即时享受高质量的视频内容,无论身处何地。此外,5 G 网络的高带宽和低延迟特性也为虚拟现实(VR)、增强现实(AR)等新兴技术的发展奠定了基础,预示着未来短视频内容的交互方式将更加丰富和沉浸式。

1.2.1.2　智能手机的技术革新

智能手机的技术革新是短视频兴起的核心动力。现代智能手机配备的高性能摄像头不仅拥有高像素和光学防抖功能,还支持 4 K/8 K 超高清视频拍摄,使画质更加清晰生动(见图 1 - 2)。强大的处理器和图形处理单元(GPU)为视频的实时渲染和复杂编辑提供了可能,而大容量存储空间及云服务则解决了用户对视频存储需求的后顾之忧。智能手机中的高效视频编码技术(如 H.265)优化了文件大小,保证了传输速度与视频质量的平衡。此外,电池技术的突破使得手机能够持久供电,保障了长时间拍摄的需求。

图 1 - 2

在软件层面,操作系统的优化让视频拍摄与编辑变得简洁直观(见图 1 - 3),而集成的社交媒体功能更是简化了视频分享步骤。AI 技术的应用进一步丰富了智能手机的视频处理能力,如智能场景识别和动态贴纸等创新功能,为用户创作短视频提供了更多趣味性和便利性。这些硬件和软件的协同进步不仅极大地提升了用户的拍摄体验,降低了创作门槛,还激发了广大用户的创作热情,从而推动了短视频文化的繁荣和发展。

图 1 - 3

1.2.1.3　视频编辑与社交共享整合

视频编辑与社交共享的整合极大地促进了短视频内容的创作与传播。如今，短视频平台和智能手机应用提供了一系列的内置视频编辑工具，用户可以在数分钟内完成从剪辑、添加滤镜、调整音频到应用特效的整个编辑过程。这种易用性降低了创作门槛，使得任何用户都能够制作出具有专业外观的视频内容。编辑完成后，一键分享到社交媒体的功能确保了内容的快速流通（见图1-4），而平台的反馈机制（如点赞和评论），进一步增加了创作者与观众之间的互动。

图 1 - 4

平台推出的创意挑战和活动激发了用户的参与热情，同时也为内容创作者提供了展示才华的舞台。算法推荐系统则个性化地将内容分发给可能感兴趣的观众，提高了观看率和参与度。直播功能的加入，为用户即时交流提供了新途径，这不仅加强了社区的连接，也开辟了新的变现渠道。视频编辑与社交共享的无缝整合，不仅提升了用户体验，也加速了短视频内容在全球社交媒体上的普及和影响力的增长。

1.2.2　用户习惯的改变

1.2.2.1　消费模式的转变

随着数字化进程的加速，消费者的消费模式已经从传统的线性、被动式接收转变为非线性、主动参与的互动体验。在短视频领域尤其明显，用户的行为表现为更加碎片化，他们倾向于在短暂的空闲时间内观看快速、易于消化的视频内容。这种瞬息万变的消费习惯促使内容制作者创作更短、更具吸引力的视频来适应这一趋势。与此同时，消费者对于内容的参与性有了更高的要求，他们不仅观看视频，还在评论、点赞和分享中积极互动,甚至在直播中与创作者实时交流,这加深了他们的社区归属感。个性化的内容推荐系统利用大数据和人工智能技术满足用户的个性需求,从而提升了用户体验并增强了平台的用户黏性。

用户生成内容(UGC)的兴起证明了消费者自身作为内容创作者的潜力,短视频平台为普通用户提供了展示才华的机会,使得每个人都有机会获得关注。品牌与消费者之间的互动也变得更加直接,短视频成为品牌推广的新途径,实现了与传统广告不同的营销效果。消费模式的转变推动了短视频内容生态的繁荣,为内容创造者、平台运营者以及品牌提供了新的挑战和机遇。

1.2.2.2 参与式文化出现

参与式文化的兴起标志着用户在媒体内容生态系统中的角色发生了根本性转变,他们从被动接收者转变成为内容的创造者和参与者。这种文化在短视频领域尤其明显,用户生成内容成为主流,每个人都可以通过智能手机等移动设备轻松创作和分享自己的作品。互动性和社区参与是参与式文化的关键特征,用户通过评论、点赞、分享以及参与挑战等方式与其他观众和创作者建立联系,形成了紧密的社区网络。

集体协作与共创在这种文化中变得日益普遍,用户们围绕共同兴趣集结起来,共同创作内容,展现出强大的社群力量。实时的用户反馈促使内容创作者不断调整和优化作品,以更好地满足观众的期待。同时,粉丝文化和影响力者经济的兴起改变了品牌与消费者之间的互动方式,为营销和广告带来了新的模式。参与式文化不仅推动了内容创作的民主化,也促进了社交媒体平台上的互动和交流,为用户、内容创作者和品牌创造了新的价值和机会。

1.2.2.3 个性化内容需求

随着短视频内容的爆炸性增长,用户对个性化内容的需求成为行业发展的核心动力。平台利用复杂的数据分析和机器学习算法,根据用户的观看历史、互动行为和个人喜好,提供定制化的推荐,确保每位用户都能接触到他们最感兴趣的视频。内容创作者和品牌也开始瞄准这一趋势,制作更具针对性的视频内容,以吸引特定的受众群体,提高观众的参与度和忠诚度。同时,社交平台通过结合用户的社交数据,进一步增强了个性化体验,让用户在享受个性化内容的同时,也能感受到社区归属感。然而,随着个性化服务的推进,用户对隐私保护的意识加强,要求平台在收集和使用个人数据时必须保障透明度和安全性。个性化内容的提供者需要在精准推荐和用户隐私之间找到平衡点,以建立用户的信任并遵守法律法规。

1.2.3 社会文化的影响

1.2.3.1 流行文化的推动效应

短视频平台已成为推动流行文化发展的强大引擎,这些平台不仅反映了当前的文化趋势,更是新兴趋势的孕育地。从简单的舞蹈挑战到全球性的模因传播,短视频内容能够迅速走红并影响大众文化的走向。明星和网红利用这些平台与粉丝互动,拉近了与公众的距离,同时也加快了流行元素传播的速度。

普通用户也能通过创作和分享自己的视频参与流行文化的形成,这种现象体现了文化民主化的趋势。短视频还促进了跨界合作,不同艺术领域的创作者可以共同制作内容,为大众带来新颖的文化体验。国与国间的文化交流也得以加强,促进了全球范围内文化的相互理解和融合。短视频平台在塑造和推动流行文化方面发挥了巨大作用,它们不仅是文化现象的传播者,更是创新者和引领者,随着技术的发展和文化的进一步交流,这种影响力还将持续扩大。

1.2.3.2 明星效应和网红经济

在短视频领域,明星效应和网红经济已成为推动内容传播和品牌营销的关键力量。明星利用自身在公众中的知名度和影响力,通过短视频平台进行互动与宣传,不仅提高了内容的可见度,也增强了观众的信任感。同时,网红作为新兴的意见领袖,他们在特定的兴趣领域或社交媒体上拥有大量的追随者,通过个性化的内容创作与粉丝互动,构建了强大的影响力。这种影响力为他们在广告、赞助合作以及商品销售等方面提供了变现的机会。无论是明星还是网红,他们都在利用短视频平台的强互动性来提升粉丝的参与度,从而形成了一个紧密的粉丝社区。此外,他们的存在反映了市场对个性化和真实性的需求,适应了现代消费者的口味,改变了传统广告的面貌。随着短视频平台的发展,明星效应和网红经济将继续在媒体、文化和商业领域发挥重要作用。对品牌和内容创作者来说,理解这两种现象的重要性将有助于实现更加有效的市场推广和用户沟通。

1.2.3.3 创意表达的新晋渠道

短视频平台已经成为创意表达的重要渠道,它不仅为艺术家和创作者提供了展示才华的空间,也为广大普通用户提供了分享个人创意的机会。这些平台的低门槛特性使得任何拥有智能手机的人都能轻松成为内容创造者,而多样化的表现形式满足了不同人的创作需求。实时的观众反馈机制(如点赞、评论和分享),让创作者能够快速了解作品的受众反响,并据此优化自己的创作。此外,强大的推荐算法让优质内容有机会获得广泛的曝光,让新兴创作者的作品迅速传播开来。同时,通过广告分成、打赏、品牌合作等经济激励机制,创作者得以从自己的作品中获得实质性收益。短视频平台已经不仅仅是一个娱乐消费的场所,更是一个促进创意产业发展和经济繁荣的新媒体平台。

1.3 短视频平台的发展

1.3.1 较常见的短视频平台

1.3.1.1 抖音

图1-5

自2016年9月推出以来,抖音迅速崛起为中国乃至全球最受欢迎的短视频平台之一。

(1)初创阶段:抖音在2016年9月推出后,迅速发展其用户基础,并逐渐建立自己的社区特色。与其他短视频平台相比,抖音更注重音乐元素和创意内容的融合。

(2)国际化战略:2017年8月,抖音创建了国际版TikTok,投入上亿美金进军海外市场,这一举措极大地扩大了抖音的全球影响力。

(3)功能拓展:为了满足用户多样化的需求,抖音不仅增加了直播功能,还不断推出新的内容形式和社交互动方式,如挑战赛、话题标签等,以吸引用户并保持用户的活跃度。

(4)社会影响:作为一个新兴的社交媒体平台,抖音也积极参与各类社会活动和公共事件,与央视春晚等重大节目合作,提升了品牌的知名度和影响力。

(5)商业模式:抖音通过广告、直播打赏、虚拟礼物等方式进行商业化探索,为创作者提供了更多的变现途径。

抖音的成功在于其不断创新的产品特性和灵活的商业策略,这使得它在短短几年内就成为短视频领域的领导者。同时,它也引发了关于内容审核、用户隐私保护等方面的讨论和争议,这些都是平台在发展过程中需要不断解决的问题。

1.3.1.2 快手

快手自2011年创立以来,经历了从GIF工具应用到短视频社交平台的转变,成为互联网文化的一个重要组成部分。

(1)初创阶段(2011年):快手的前身是"GIF快手",一个制作GIF图片的工具应用,在智能手机普及和移动互联网初期迅速获得了用户。
这一阶段,它成功吸引了上百万的下载量,成为一个受欢迎的
工具类 App。

图 1-6

(2) 转型阶段(2012 年):随着用户需求的增长和技术的
发展,快手在 2012 年 11 月转型为短视频社区,让用户记录和
分享生活瞬间的平台。这一转变标志着快手从单一功能的工
具应用向内容创作和社交互动平台的演进。

(3) 市场拓展(2015 年以后):得益于智能手机的普及和移动数据成本的下降,
快手开始在市场上占据一席之地,并逐渐成为中国短视频社交平台的领先者之一。

(4) 品牌合作(2019 年):与央视春晚达成合作,成为《春节联欢晚会》的独家
互动合作伙伴,开展春晚红包互动活动,进一步扩大了其品牌影响力。

(5) 上市之路(2021 年):经过近 10 年的发展,快手于 2021 年 2 月 5 日在香港
交易所正式上市,IPO 融资规模达到 54 亿美元,成为全球资本市场关注的焦点。

快手的成功源于对市场趋势的精准把握、不断创新的产品功能以及强大的社区
运营能力。从一个制作 GIF 图片的小工具发展成为集短视频、直播、电商于一体的多
元化社交平台,快手展现了其在互联网行业中的强大生命力和影响力。如今,它不仅是
普通用户的表达和交流平台,也为众多创作者和品牌提供了宣传和商业变现的机会。

1.3.1.3 美拍

美拍上线于 2014 年 5 月 8 日,是厦门美图网科技有限公
司旗下的产品,它是一款可以直播、制作小视频的倍受年轻人
喜爱的应用软件,尤其受到女性用户的偏爱。

图 1-7

(1) 功能特点:美拍具备强大的美颜功能,用户可以通过
应用进行拍摄、编辑并分享自己的短视频。它还提供了直播
功能,让用户能够实时与观众互动。

(2) 内容多样:平台上拥有各种类型的视频内容,包括搞
笑、时尚美妆、美食创意等多个领域,满足不同用户的兴趣和需求。

(3) 社区氛围:美拍致力于打造一个真实有爱的女生视频社区,鼓励用户分享
生活中的新鲜事,成为闺蜜间的聚集地。

(4) 用户基础:美拍的用户群体庞大,截至目前,已有超过 1.7 亿的下载量,显
示出其在年轻用户中的广泛受欢迎程度。

(5) 市场定位:美拍在市场上的定位是一个可以让女性用户表达自己、分享生
活瞬间的平台,同时也是一个发现和探索新事物的社区环境。

美拍以其丰富的视频内容、便捷的创作工具和友好的社区氛围成为年轻人特
别是女性用户分享和发现生活趣事的重要平台。

1.3.1.4 小红书

小红书自 2013 年创立以来,经历了从社区到电商的转型,成为年轻人的生活方式分享平台。在小红书社区,用户通过文字图片、视频笔记的分享,记录了这个时代年轻人的正能量和美好生活。小红书通过机器学习对海量信息和用户进行精准、高效的匹配。

图 1-8

(1) 初创阶段:小红书由毛文超和瞿芳在上海创立,最初是一个专注于海外购物信息分享的社区平台。创始人发现当时市场上缺少一个专门分享海外购物信息的平台,于是抓住这一机会,创建了小红书。

(2) 社区与电商结合:随着用户基数的增长,小红书在 2014 年开始转型,采用了"社区＋电商"的双轮驱动模式。用户的购物分享不仅仅限于海外购物,而是扩展到更多生活领域,使得小红书成为一个专业海外购物分享社区,并吸引了大量精准的高黏性用户。

(3) 多元化发展:小红书继续扩展其业务范围,从单一的海淘信息分享扩展到生活分享,覆盖更广泛的消费者群体,特别是年轻女性。平台以 UGC 为核心,为用户提供内容输出与互动交流的空间,同时也为女性消费者提供生活方式的指导和服务。

(4) 坚守与再进化:面对市场和技术的变化,小红书持续进行战略调整和产品创新,以保持其市场竞争力。平台不断优化用户体验,加强社区功能,同时也在商业模式上进行探索和创新,以适应不断变化的消费者需求和行为。

目前,小红书生活方式社区努力的方向,就是通过"线上分享"消费体验,引发"社区互动",并推动其他用户"线下消费",反过来又推动更多"线上分享",最终形成一个正循环。

1.3.1.5 腾讯微视

自 2011 年推出以来,腾讯视频依托于腾讯集团的庞大用户基础和强大的内容生产能力,逐步发展成为中国在线视频行业的主导力量之一。

图 1-9

(1) 内容丰富性:腾讯视频聚合了包括电视剧、电影、综艺娱乐、体育赛事和新闻资讯在内的多种视频内容。它拥有庞大的内容库,覆盖各类视频资源,包括动漫、纪录片等,满足不同用户的观看需求。

(2) 产品功能:腾讯视频不仅提供高清流畅的播放体验,还提供了个性化推荐和智能搜索功能,帮助用户快速找到感兴趣的内容。此外,还有多种会员服务,如无广告观看、高清播放和独家内容等特权。

（3）市场地位：自2011年成立以来，腾讯视频已经成为中国最大的在线视频平台之一，市场份额逐渐上升，成为行业内的重要竞争者。

（4）产品定位：腾讯视频以"不负好时光"为口号，强调场景化的体验，以内容为核心，注重观影体验和使用体验，如个性化推荐、登录便捷以及多平台无缝应用体验等。

经历多年的发展，腾讯视频已成为一个集高品质视听内容、互动体验于一身的综合视频平台，为用户提供了一个全面而深入的文化娱乐生态系统。

1.3.1.6　淘宝短视频

淘宝短视频是继图文及直播后内容化的一支奇兵，它广泛出现在商品主图详情页、店铺首页、微淘等私域，同时也覆盖手淘每日好店、爱逛街、有好货必买清单等诸多公域渠道。淘宝短视频能够帮助商家全方位宣传商品，虽然只有短短的几秒或几十秒的时间，却能让受众非常直观地了解产品的基本信息和设计亮点等，还可以节约用户咨询的时间。

图1-10

（1）场景化内容供给：与抖音、快手等平台相比，淘宝短视频更强调场景化的内容供给，这意味着视频内容往往与购物场景紧密结合，为用户提供更为直观的购物参考。

（2）多样化的视频形式：淘宝平台上的短视频形式多样，包括首页短视频、逛逛短视频以及搜索短视频等。搜索短视频是近年来的新发展，它允许用户在搜索商品时直接看到短视频形式的展示，这种形式有助于提升商品的吸引力和用户的购买意愿。

（3）互动挂件和定时发布：为了提升视频内容和用户体验，淘宝短视频支持互动挂件和定时发布功能。这些功能可以帮助商家和创作者更好地管理发布内容，增加用户参与度。

（4）短视频专享券：商家可以通过短视频发布专享优惠券，以此吸引用户观看视频并促进销售转化。

（5）淘宝逛逛达人：淘宝还推出了"逛逛达人"计划，鼓励有影响力的创作者在淘宝平台上发布内容或上传视频，以此来赚取收入。这一策略不仅为创作者提供了新的赚钱途径，也为平台带来了更多高质量的内容。

淘宝短视频的目的是彻底内容化、视频化，通过优质的内容、商品和产品体验来表达品质感和年轻化。这是淘宝应对市场变化和用户需求不断升级的策略之一。淘宝短视频不仅是淘宝平台内部的一项功能，也是整个电商行业向视频化转型的一个缩影。随着技术的发展和用户习惯的变化，短视频已经成为电商领域不可或缺的一部分，为商家和用户提供了全新的互动和购物体验。

1.3.1.7 微信视频号

图 1-11

微信视频号是继微信公众号、小程序后又一款微信生态产品。现如今,在短视频越来越受到用户欢迎的背景下推出微信视频号,就是想要解决腾讯在短视频领域的短板,借助微信生态的巨大力量突围短视频。

(1)内容创作与管理:用户可以发布原创或转载的视频和图片,同时支持点赞、评论等互动功能。视频号还提供了内容上传管理、数据查询等后台服务,方便创作者进行多人运营和内容管理。

(2)数据分析:通过数据中心,创作者可以查看到相关的数据和分析,帮助他们更好地了解内容表现和观众喜好。

(3)社交属性:作为一个社交平台内的功能,视频号具有天然的社交属性,能够利用微信庞大的用户基础进行传播和分享。

(4)变现能力:微信视频号还提供了一定的变现途径,这对于希望实现收益的创作者是非常有吸引力的一点。

在之前的微信生态下,用户也可以发布短视频,但仅限于用户的朋友圈好友观看,属于私域流量,而微信视频号则意味着微信平台打通了微信生态的社交公域流量,将短视频的扩散形式改为"朋友圈+微信群+个人微信号"的方式,放开了传播限制,让更多的人可以看到短视频,形成新的流量传播渠道。

1.3.2 平台模式与算法机制

1.3.2.1 平台模式

短视频平台通过其独特的平台模式成为新兴的媒体力量。以用户生成内容为核心,这些平台激发了广大用户的创造力,鼓励他们分享原创视频,从而形成了一个丰富多元的内容库。平台的社交属性强化了用户间的互动,不仅提供了点赞、评论、关注等社交功能,还促进了社区氛围的形成,使得用户在消费内容的同时,也能建立起社交网络。个性化推荐系统则通过分析用户历史行为和偏好,为用户呈现量身定制的内容流,提高了用户黏性。

平台通过智能算法进行内容分发,确保热门和高质量的内容能够迅速传播,同时为新晋创作者提供展示机会。为了激励创作并实现商业盈利,平台还提供了多种变现渠道,包括广告分成、直播打赏和电商合作等。技术支持,如视频编辑工具和滤镜效果等,不断降低创作门槛,提升内容质量。最终,随着生态系统的不断发展,平台逐渐形成了一个包括创作者、观众、品牌商家在内的复杂生态,持续塑造着人们的娱乐消费方式和内容生产趋势。

1.3.2.2　算法机制

短视频平台的算法机制是其向用户分发内容的核心,它通过一系列复杂的步骤和策略来优化用户体验和内容曝光。首先,算法会对上传的视频进行自动识别和打标签,分析视频的元数据以及利用图像和声音识别技术来确定内容属性。接着,结合用户的行为数据,如观看历史、点赞、评论和分享等,算法构建起用户画像,并据此推荐符合用户偏好的内容。

平台还会根据内容的表现,如播放量、互动率和完成率,评估内容的质量和受欢迎程度,进而调整其在推荐系统中的权重。对于拥有社交属性的平台,算法还会考虑用户的社交网络关系,优先展示好友或关注者的内容,以增强社区互动。不同的平台有各自的流量分配策略,如快手倾向于平均分配流量,给予更多用户曝光机会,而抖音则可能更注重将流量集中在热门和高参与度的内容上。这些算法机制的最终目的是维持用户的高度参与和平台的活跃度,同时也为内容创作者提供公平的竞争环境和成长机会。

1.4　短视频的未来趋势

1.4.1　技术创新的推动

1.4.1.1　人工智能(AI)和机器学习

在短视频平台的发展过程中,人工智能(AI)和机器学习技术的影响日益显著。通过深入分析用户的观看历史、互动行为和偏好,AI能够精准构建用户画像并预测其兴趣,从而提供高度个性化的内容推荐。此外,AI的视频内容分析能力允许平台迅速识别视频中的场景、对象和动作,自动打上合适的标签,提高搜索和推荐的准确性。自然语言处理技术的进步也使得语音和文字的自动生成与理解成为可能,极大地增强了用户交互体验。

AI还在提升图像和视频质量方面发挥作用,它能自动优化上传的视频,提升分辨率,改善视觉效果,并通过智能摘要挑选出最能吸引观众的片段(见图1-12)。在内容监管领域,AI的实时监控和审核机制帮助平台高效识别并处理违规内容,保障社区环境的良性。对于广告商而言,AI的精准定位和效果测量功能为广告投放带来了更高的ROI(投资回报率)。同时,创作者亦能通过AI辅助的编辑工具获得场景建议和趋势分析,以提高创作效率和内容吸引力。随着 AI 技术的不断演进,它将继续深化短视频领域的个性化体验,推动内容创造与分发的革新。

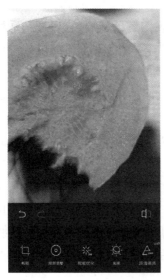

图 1-12

1.4.1.2 增强现实(AR)和虚拟现实(VR)

增强现实(AR)和虚拟现实(VR)技术的发展正在逐步改变短视频平台的内容创作与观看体验。AR 技术在短视频应用中,通过叠加数字元素到真实世界的画面中,让用户能够与增强内容互动,创造更具吸引力的短视频作品。例如,利用面部跟踪和图像识别技术,用户可以通过各种互动滤镜和动画效果来增强视频内容的趣味性,这常见于社交媒体上的动态面具和场景变换效果。品牌营销也借助 AR 特效,以游戏化的方式吸引用户参与,提高广告的互动性和记忆点。

虽然目前 VR 技术在短视频领域的应用还不如 AR 那样广泛,但它提供了完全沉浸式的观看体验,将用户带入一个全方位的虚拟环境中。随着 VR 设备成本的降低和用户体验的提升,未来短视频平台可能会支持 360 度视频内容,使观众能够体验到全景视频带来的身临其境的感觉。这些技术的融合不但为内容创作者提供了新的表达工具,而且为观众打开了通往虚拟世界的大门,预示着短视频领域将迎来更加丰富多元和沉浸式的观看及创作时代。

1.4.1.3 5G 网络

随着 5G 网络的广泛部署,短视频平台将显著受益于其带来的超高速率和极低延迟的网络特性。用户将体验到瞬间加载和流畅播放的超高清视频内容,甚至在移动设备上也能享受实时的 4K 和 8K 分辨率视频。5G 网络的强大连接能力使得在拥挤的公共场所(如体育场或音乐会现场中)上传和分享短视频变得轻而易举,为用户提供了无缝的社交分享体验。

对于内容创作者而言,5 G不仅提升了他们作品的质量和创意可能性,也让他们能够实时进行高质量的视频直播,与观众进行更紧密的互动。同时,结合边缘计算技术,5 G网络有望使 AR 和 VR 内容的实时处理和传输变得可能,为短视频平台带来沉浸式和互动式的全新观看体验。更进一步,5 G网络的普及将为短视频行业带来新的商业模式和收入来源,比如通过超高清视频广告和增强现实购物体验等方式,为品牌和零售商提供更加吸引人的广告形式。

1.4.1.4 视频处理技术

视频处理技术在短视频平台上的运用主要体现在提升视频画质、简化编辑流程以及增强内容互动性等方面。通过采用先进的编码技术,如 H.265,短视频平台能够在不牺牲质量的前提下压缩视频文件大小,确保快速加载和流畅播放。AI 驱动的图像增强算法可以改善视频画面的清晰度和色彩表现,甚至从模糊的视频中恢复出清晰的图像。智能剪辑工具利用机器学习模型自动识别精彩的视频片段,帮助创作者省去烦琐的剪辑工作。实时视频特效和滤镜的使用,使得用户可以轻松创作出具有吸引力的内容(见图 1 - 13)。随着深度学习技术的不断进步,视频背景替换和内容生成等高级功能也正在变得日益普及。这些技术的发展不仅极大地降低了创作门槛,激发了用户的创造力,也为观众提供了更加丰富多彩的视觉体验。

图 1 - 13

1.4.1.5 区块链技术

区块链技术在短视频平台的应用为内容创作和分发带来了新的维度。通过将视频文件的元数据,如创作者信息、发布时间和版权信息等加密存储在区块链上,平台能够确保内容的原创性和所有权,有效打击盗版和未经授权的内容分享。利用智能合约,平台可以自动执行版权费用的分配和支付,确保创作者获得应有的收益,同时观众也可以通过加密货币对喜欢的视频进行打赏或购买,实现即时且透明的交易。这种技术还能增强用户间的互动性,比如通过区块链记录用户的点赞、评论和转发行为,给予积极贡献者一定的奖励或权益。随着区块链技术的不断成熟和融入短视频行业,它不仅推动了内容创作的繁荣,也为整个平台的运营模式带来了革新。

1.4.1.6 云计算

云计算在短视频平台中扮演着至关重要的角色,它不仅为平台提供了弹性的计算资源和海量的数据存储能力(见图1-14),还大幅降低了运营成本并提升了用户体验。随着用户对短视频内容即时性的需求日益增长,云计算使得平台能够快速处理和分发大量视频数据,确保了内容的流畅播放和高可用性。云服务提供的可伸缩性让短视频平台轻松应对访问量的波动,无须担忧服务器过载或资源浪费。此外,通过云端的大数据分析与机器学习模型,平台能更精准地分析用户行为,优化个性化推荐算法,从而吸引和保留用户。对于内容创作者而言,云计算还提供了便捷的视频编辑、渲染和发布工具,极大地简化了创作过程。总之,云计算的应用不仅提升了短视频平台的性能和效率,也为其带来了新的商业模式和创新机会。

图 1 - 14

1.4.2　内容生态的演变

1.4.2.1　内容形式多样化

内容形式多样化是短视频平台内容生态演变的核心趋势之一。随着用户对短视频内容的需求日益细分和个性化,平台上的内容逐渐从单一的娱乐性质转向涵盖教育、生活方式、科技、艺术等多元化领域。这种多样化不仅丰富了用户的观看体验,也为具有特定才能和兴趣的创作者提供了展示自己的舞台。

教育类内容的增长尤为显著,越来越多的专业人士和教育机构通过短视频分享知识,使学习变得更加便捷和有趣。此外,随着人们对健康生活方式的追求,健康饮食、健身指导等内容也逐渐成为短视频平台上的热门主题。同时,科技领域的最新动态和产品评测也吸引了大量科技爱好者的关注。

在艺术领域,短视频平台为艺术家提供了一个展示创造力的新空间。无论是舞蹈、音乐、绘画还是手工艺术,艺术家们都能够通过短视频分享自己的作品和创作过程,与观众建立直接的联系。这些内容的多样性不仅满足了不同用户群体的需求,也促进了文化交流和创新。

短视频平台还催生了一种新的内容形式——短剧。这种连续的短剧形式允许创作者讲述更加复杂和连贯的故事,同时也为观众提供了更深入的情节体验。

内容形式的多样化反映了短视频平台的成熟和用户参与度的提高。它不仅为用户提供了更加丰富的内容选择,也为内容创作者提供了更多的表达方式和机会。

1.4.2.2　创作者群体扩大

随着短视频平台的兴起和技术的不断进步,创作者群体的扩大成为内容生态演变中不可忽视的趋势。低门槛的创作工具使得普通用户轻松加入创作者行列,而专业创作者的加入则提升了内容的多样性和质量。平台上汇聚了各种背景和兴趣的创作者,他们以个性化的内容吸引着不同群体的观众,形成了各具特色的社区文化。

同时,随着平台提供的变现途径日益增多,越来越多的创作者能够通过自己的创意和努力获得收益,这不仅激励了现有创作者持续创作,也吸引了更多有才华的新人加入。教育和培训资源的普及进一步提升了创作者的专业水平,促进了内容生态的健康和可持续发展。

1.4.2.3　互动性程度增强

随着短视频平台的快速发展,互动性程度的增强成为推动内容生态演变的重要动力。用户间通过实时评论、社交分享、参与挑战和话题、直播互动等方式,极大地增强了社区的活力和参与感。这些互动形式不仅让观众能够即时表达自己的观点和情感,也为创作者提供了宝贵的反馈和激励。

平台推荐算法的不断优化使得个性化内容更容易触达用户,进一步促进了用户与内容的互动。同时,用户生成内容的兴起也证明了观众与创作者之间的界限越来越模糊,每个人都可以是内容的创造者和传播者。这种全民参与的创作文化不仅丰富了平台的内容生态,也为短视频平台的未来发展奠定了坚实的基础。

1.4.3　商业模式的多元化

1.4.3.1　广告模式

在短视频平台中,广告模式的多元化和创新为平台带来了稳定的收入流。品牌合作通过整合创作者的创意内容与商业信息,实现了广告与娱乐的融合,提高了用户参与度并增强了品牌影响力。信息流广告利用算法精准投放,确保了用户体验与广告效果之间的平衡。悬浮广告和弹窗广告虽然对用户体验有一定影响,但它们为平台贡献了快速收益。创意植入和互动广告则通过用户的主动参与提升了广告的转化效率。而依托于有影响力创作者的营销策略,有效地将信任转化为购买力。随着短视频平台对用户行为和偏好的深入理解,广告模式正变得更加精准、高效,这不仅为用户带来了更丰富的内容体验,也为广告主和平台创造了更大的商业价值。

1.4.3.2　电商模式

短视频平台的电商模式正逐渐成为新型的购物方式和商业变现途径。以抖音为例,其推出的"商品橱窗"等功能允许创作者在视频中直接展示和推广商品,观众可以在观看内容时点击链接进行购买。这种模式不仅为平台带来了可观的佣金收入,也为创作者提供了新的营利渠道。随着内容消费习惯的改变,越来越多的消费者开始接受在短视频平台上浏览和购买商品。电商平台和短视频厂商对这一趋势持乐观态度,并不断优化用户体验,提升交易流程的便捷性。然而,这一模式也面临内容质量、安全性监管等挑战,需要平台加强审核机制和完善规则,以维护平台的良好生态。

1.4.3.3　付费模式

短视频平台的付费模式正逐步成为重要的商业收入来源,它允许用户通过支付获取独家内容或特殊服务。在这种模式下,订阅服务使用户可以观看专属的高质量视频内容,保障了创作者的收益和创作动力。此外,针对特定内容的单次购买模式满足了用户的即时需求,无须长期订阅即可享受精准内容。同时,平台提供的增值服务(如云存储、高级编辑功能等)为用户提供了更为丰富的体验,也为平台创造了附加价值。随着用户对专业内容的需求提升及对个性化服务的追求,付费模式在短视频领域中的应用将更加广泛,为平台带来稳定而直接的经济收益。

1.4.3.4 直播打赏和虚拟礼物

直播打赏和虚拟礼物是短视频平台中的重要收入来源,并有效地促进了用户与创作者之间的互动。在直播过程中,观众可以通过购买和送出虚拟货币来打赏主播,这种即时的反馈不仅能够表达对主播内容的认可和支持,还增强了观看体验的参与感。虚拟礼物作为一种可在视频或直播中送出的图标或动画(见图1-15),为用户提供了展示个性化支持的方式,同时也为创作者带来了实质性的收益。这些收益模式不仅为平台贡献了显著的营收,也激励了创作者持续产出更有吸引力的内容。

图 1-15

课后习题

1. 简述短视频的特点。
2. 简述短视频与传统流媒体视频的区别。
3. 论述短视频的未来趋势。

第二章 短视频的选题策划

随着科技的飞速发展和互联网的普及,短视频已经成为当代最受欢迎的媒体形式之一,它以短小精悍、形式多样的特点迅速吸引了大量用户的关注。在这一背景下,本章将深入探讨短视频的选题策划,为读者提供一系列关于如何制作出吸引人的短视频的策略和方法。

2.1 短视频的分类与分析

2.1.1 常见短视频类型与案例

(1)演绎类:这类短视频通常包括短剧、表演或访谈等内容。例如,搞笑短剧通过幽默的剧情和表演吸引观众,情感系列剧则通过讲述感人故事来打动人心。

(2)宣传类:这类短视频主要用于商品和品牌推广、新闻播报等。例如,商品广告通过展示产品特点和用户评价来吸引潜在消费者,企业宣传则侧重于介绍企业文化和品牌形象。

(3)教育类:这类短视频提供各类知识和技能学习的内容,如语言教学、科普知识、健身指导等。

(4)生活分享类:这类视频通常记录日常生活,分享美食、旅行、日常趣事等,如 Vlog(视频博客)就是一种流行的形式。

(5)美妆时尚类:这类短视频通常由颜值高的博主主导,通过换装、化妆教程等内容吸引观众。

(6)音乐舞蹈类:音乐和舞蹈结合的短视频能够迅速传播,尤其是那些具有创意和感染力的舞蹈视频。

(7)科技数码类:这类短视频主要展示最新科技产品、数码设备的评测和使用技巧。

(8)游戏娱乐类:游戏实况、攻略分享、游戏解说等内容在短视频平台上也非常受欢迎。

（9）宠物萌宠类：可爱的宠物总是能吸引大量粉丝，宠物日常、训练等视频内容往往能获得高点击量。

（10）手工 DIY 类：手工制作、DIY 教程等创意内容能够激发观众的兴趣和参与感。

（11）汽车测评类：汽车测评、改装、驾驶技巧等内容对于汽车爱好者来说非常有吸引力。

（12）旅游探险类：分享旅行经历、景点推荐、户外探险等内容，能够激发人们的探索欲望。

（13）健康养生类：健康知识、养生方法、运动指导等内容对于关注生活质量的观众来说非常重要。

（14）农业种植类：农业种植技术、农村生活等内容能够吸引对乡村生活感兴趣的人群。

（15）法律咨询类：提供法律知识、咨询服务等内容，帮助人们解决法律问题。

这些类型并不是孤立存在的，很多成功的短视频案例往往融合了多种类型的特点，以满足不同受众的需求。例如，一个关于美食的视频可能同时包含烹饪教学、生活分享和视觉美感的元素。

2.1.2　受众分析与市场定位

2.1.2.1　受众分析

受众分析（见图 2-1）是内容创作者和营销人员理解目标观众并制定有效策略的关键步骤。这一过程首先从收集数据开始，包括利用社交媒体分析工具、网站流量追踪以及直接的观众反馈等手段获取定量与定性数据。接着，通过分析人口统计特征，如年龄、性别和地理位置，我们可以识别出潜在的受众群体，并根据他们的特征定制内容。例如，年轻人可能对时尚和流行文化感兴趣，而成年人可能更关注职业发展和家庭相关主题。

心理图像的分析则帮助我们深入了解观众的兴趣、爱好、价值观和生活方式，从而创建能够触动他们情感和思考的内容。行为特征的分析揭示了用户如何与内容互动，他们的观看习惯、活跃时间以及他们如何表达对内容的喜爱，这些信息对于调整发布时间和增强用户参与度至关重要。

通过需求和问题识别，我们能够发现观众的具体需求和挑战，这为提供解决方案和创造价值提供了机会。用户分群使我们能够将广泛的观众划分为具有共同特征的小群体，针对每个群体制定更加个性化的内容策略。

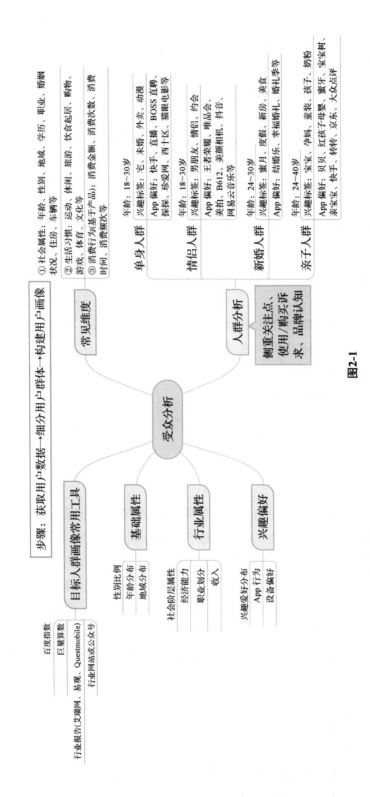

图2-1

趋势和模式识别有助于我们把握观众行为的宏观视角,识别出内容的季节性趋势或热门话题,以便我们及时调整内容计划,抓住市场机遇。最后,通过持续的反馈循环和策略调整,我们确保内容创作和营销策略始终与观众的需求保持同步,同时不断优化以提升效果。

深入的受众分析能提高我们的洞察力,使我们能够创建更贴合观众需求的内容,构建更强大的受众连接,并最终实现更高的营销效益。

2.1.2.2 市场定位

市场定位涉及在短视频市场中为内容或品牌寻找独特的立足点,以吸引和保持观众的关注。首先,明确目标市场是成功定位的基础,这可能意味着针对特定年龄段的用户、特定兴趣爱好者或者特定地区的受众。例如,一个短视频创作者可能发现他创作的内容在大城市中的年轻职场人士中特别受欢迎,因此决定将这一群体作为其核心目标市场。

接下来,分析竞争对手是关键步骤,它要求深入了解在同一领域内其他创作者的优势和弱点。例如,如果大多数的竞争者都提供娱乐性内容,那么新进入者可能会选择专注于教育或科普内容以填补市场空白。

定义差异化优势是一个决定性的环节,这需要找到自己内容的独特卖点(USP)。这可能是基于内容的独创性、专业性、幽默感或者是与特定文化事件的关联。例如,一个创作者可能发现她对某一历史事件的深入解读吸引了大量对历史感兴趣的观众,因此决定将其频道定位为历史爱好者的首选资源。

制定定位声明是将差异化优势转化为简洁明了的信息,这有助于观众快速理解频道或内容的价值主张。例如,"为好奇心赋能——探索历史的每一个角落",这样的声明清晰地传达了内容的特点和吸引点。

传播定位信息涉及选择合适的渠道和策略来向目标观众传达这一信息。这可能包括在社交媒体上进行有针对性的广告投放、合作伙伴营销或者参与社区活动来提升知名度。

最后,测量效果并调整策略是确保市场定位持续有效的关键。通过跟踪观看量、用户参与度和转化率等 KPIs,创作者可以了解哪些策略奏效,哪些需要改进。例如,如果某个系列的视频没有达到预期的观看量,创作者可能需要重新思考内容的方向或者增加与观众的互动。

市场定位是一个多层次的过程,它需要创作者深刻理解目标市场,不断创新,并且灵活应对市场和技术的变化。通过有效的市场定位,短视频内容不仅能够在激烈的市场竞争中脱颖而出,还能够建立起坚实的观众基础,实现长期的成功。

2.2 数据收集与内容定位

2.2.1 数据驱动的内容策划

2.2.1.1 设置明确的目标

在数据驱动的内容策划中,目标设定是影响后续步骤的关键因素。这些目标不仅需要与品牌的整体战略紧密对齐,还需要具备可操作性。以下分段落具体介绍目标设定的过程:

(1) 品牌战略对齐与 SMART 原则:在数据驱动的内容策划过程中,首先需要确保目标与品牌的整体战略保持一致。例如,如果品牌旨在提升知名度,那么内容目标可能集中在增加曝光度和吸引新受众上。这些目标应遵循 SMART 原则,即具体、可衡量、可实现、相关和时限性。具体来说,我们可以设定一个目标:"在未来三个月内,通过发布教育系列视频,使平均观看次数增长 10%。"这个目标不仅明确了期望的内容类型(教育系列视频),还设定了具体的增长率和时间框架。

(2) 用户参与与转化目标:除了提高品牌知名度,另一个关键目标是增强用户参与度。这可以通过鼓励用户评论、分享或点赞来实现。例如,目标可以是"在接下来的六个月内,将每条视频的平均评论数提高到 50 条"。如果内容营销的目的是促进销售或其他商业转化,那么应该设定明确的转化目标,如"每月通过视频内容吸引至少 100 次点击购买链接"。这样的目标有助于将内容创作与商业成果直接关联起来。

(3) 细分市场定位与竞争分析:针对不同的市场细分和受众群体,内容目标应当具有定制化特点。这意味着根据各个社交媒体平台的用户特性来制定特定的内容目标。同时,通过对竞争对手内容表现的分析,可以设定有竞争力的目标,如制作一系列视频以超过行业平均观看时长。例如,"制作的视频内容至少要有 50% 的观众观看超过 2 分钟,超越当前市场中位水平"。

(4) 资源考量与长短期平衡:在设定目标时,还必须考虑可用的资源和团队能力。这涉及财务预算、人力资源和技术能力等方面,确保目标的实现是可行的。例如,"在有限的预算下,优先选择成本效益最高的内容类型和分发渠道"。最后,目标应该平衡短期和长期需求,既要有利于即时的用户参与度提升,也要有助于建立长期的品牌忠诚度。例如,"在提高当前季度用户参与度的同时,确保内容策略支持品牌的长期价值主张和客户关系建设"。

通过这样详细且条理清晰的目标设定,内容团队能够更加有方向地收集和分析数据，并据此制定和实施更有效的内容策略，最终推动业务的增长。

2.2.1.2 收集相关数据

收集相关数据是关键的第二步，它为我们提供了执行分析和制定策略所需的实际信息。首先，我们需要明确哪些类型的数据对于实现我们的目标最为关键。这通常包括用户行为数据、社交互动指标、网站流量和转化率等。这些数据可以借助各种工具进行收集，如社交媒体分析工具、Google Analytics 以及客户关系管理（CRM）系统（见图 2 - 2）。

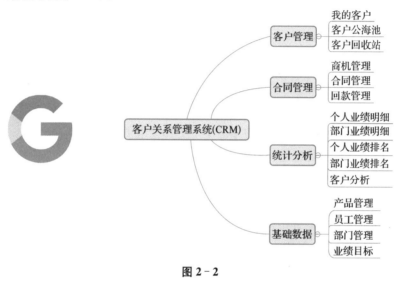

图 2 - 2

接下来，我们需要关注用户行为跟踪，这涉及了解用户如何与我们的内容互动。通过跟踪点击率、观看时长、跳出率以及评论、分享和点赞的数量，我们可以理解哪些内容最能吸引我们的受众。此外，收集竞争对手的数据也同样重要，它可以帮助我们识别他们的优势和弱点，从而为我们自己的策略制定提供指导。

市场趋势的识别是通过市场研究和趋势分析工具完成的，它帮助我们把握行业动态和受众兴趣的演变。同时，利用社交媒体平台提供的洞察工具，我们可以收集到有关受众特征的信息，比如他们的年龄、性别和地理位置。

在收集数据的过程中，我们必须确保数据的质量和数量都符合要求，这意味着数据应当是精确、可靠并能够全面反映实际情况的。同时，我们还需遵守隐私法规和行业标准，保护用户数据的安全，确保其合法使用。

最后，将来自不同渠道和工具的数据整合在一起是至关重要的，这通常需要使用数据管理和分析平台。通过持续监控和分析这些数据，我们可以快速适应市场变化，捕捉新的用户行为模式，并据此调整我们的内容策略。这样，我们就能够更深入地了解受众的需求，评估内容的效果，并根据收集到的数据做出明智的策略决策。

2.2.1.3 进行数据分析

进行数据分析是从收集到的大量数据中挖掘出有价值信息的关键步骤。首先,数据清洗是确保分析质量的重要起点,它涉及移除数据集中的错误、重复或无关数据,以便后续分析能够基于准确和一致的信息进行。

接下来,通过探索性数据分析,我们利用各种图表和统计方法来初步了解数据的分布、趋势和潜在的异常值。这为我们提供了对数据集的直观理解,帮助我们识别出需要进一步深入分析的领域。

随后,我们会采用高级分析技术,如回归分析或聚类分析,来揭示数据背后的复杂模式和关系。这些方法能够帮助我们理解不同变量之间的相互作用,以及它们如何共同影响用户行为和内容表现。

用户行为分析是另一个关键环节,它涉及深入探讨用户如何与内容互动,包括点击率、观看时长、转化率等核心指标。此外,我们还关注用户在不同设备和社交平台上的行为差异,以便为不同的渠道制定更加精准的内容策略。

内容效果评估则是通过对比不同内容类型和格式的表现,找出哪些主题和话题最能激发受众的兴趣和参与度。同时,通过竞争对手比较分析,我们可以洞察他们的成功策略,并寻找我们可以利用的差异化机会。

预测分析也是数据分析中的一个重要方面,它使用历史数据来预测未来的趋势和用户行为,从而为内容的策划和发布提供前瞻性的指导。

此外,受众细分分析允许我们根据用户的行为和特征将他们分为不同的群体,为每个细分市场定制更个性化的内容。在分析过程中,我们不仅关注相关性,也试图理解因果关系,以便更准确地判断哪些因素真正影响了内容的成功。

最后,我们将分析结果整理成报告和可视化图表,这使得决策者能够直观地理解数据背后的故事,并据此做出明智的策略决策。通过这些细致的分析活动,我们不仅能够评估过去和现在的内容表现,还能够发现潜在的市场机会和风险,为未来的发展方向提供科学依据。

2.2.1.4 创建受众画像

创建受众画像是将数据分析成果转化为对目标受众深入理解的关键步骤。这一过程开始于分析用户数据的细致工作,涉及识别不同用户群体及其特征,包括行为数据、社交媒体互动和消费习惯。通过这些数据,我们可以确定受众的关键人口统计信息,如年龄、性别、教育水平、地理位置和收入水平。

接下来,我们深入理解受众的兴趣点、偏好以及他们如何消费内容。这可能涉及社交媒体兴趣、搜索历史、购买行为等。此外,我们还考虑用户的心理特征,如价值观、生活态度、决策方式和购买动机。掌握这些信息,有助于我们不但从定量的角度,而且从定性的角度理解受众。

然后,我们将这些信息综合起来,创建详细的受众画像。每个画像代表一个特定的用户群体,包含他们的基本信息、行为习惯和期望。为了使受众画像更加生动,我们为其创建故事背景,比如命名、设定背景故事和日常生活场景,这有助于内容团队更好地理解和同情目标受众。

为了更直观地展示受众画像,我们使用图表、图形和视觉框架进行可视化呈现(见图2-3),并确保将其与内容团队和其他相关部门共享,以便每个人都对目标受众有一个清晰、一致的理解。最后,随着新数据的不断收集,我们定期回顾和更新受众画像,以确保它们仍然反映受众的最新趋势和变化。

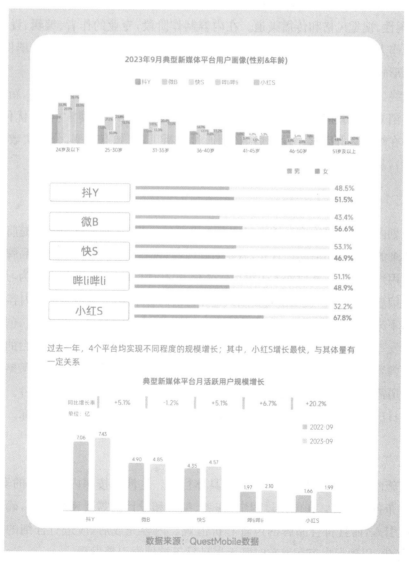

图 2-3

通过这些具体步骤构建受众画像,内容团队能够更精准地定位和理解目标受众,从而指导内容创作和营销策略的制定,提高内容的针对性和有效性。受众画像作为连接数据分析与内容策划的桥梁,帮助团队深入理解受众,创造更个性化和有吸引力的内容。

2.2.1.5　内容创意开发

内容创意开发是数字媒体和营销领域的核心活动,涉及生成新颖、吸引人且有针对性的内容来吸引并保持受众的关注。这一过程通常从深入的市场调研和用户洞察开始,旨在揭示目标受众的兴趣点、行为习惯和需求。基于这些信息,创意团队将展开头脑风暴和概念构思会议,以孵化独特而引人入胜的主题和故事线。

随后,在内容策划阶段会将这些概念转化为具体的执行方案,详细规划内容的格式、调性、视觉风格和传播渠道。在内容制作阶段,专业的作者、编辑、设计师和视频制作人员等将协作,运用他们的技能和创意来制作高质量的文案、图像、视频或其他形式的内容。

最终,发布环节要求策略性地选择最合适的平台,如社交媒体、博客、新闻稿或邮件营销来向公众展示内容。有效的发布还需要考虑 SEO(搜索引擎)优化、目标受众的在线行为等因素。发布后,必须通过分析工具(如点击率、分享次数和用户参与度),从而对后续内容进行持续的优化和创新。

2.2.1.6　策划内容日历

策划内容日历是内容营销策略中至关重要的一步,它要求营销团队提前计划和组织未来的内容发布活动。首先,需要明确内容营销的具体目标,如提高品牌知名度或增加用户参与度。然后深入了解目标受众,包括他们的兴趣、偏好和行为习惯。基于这些信息,团队可以规划出与受众兴趣相符的内容主题,并生成具体的内容创意。

接下来,分配团队成员的任务和责任,确保每个人都清楚自己的角色。创建一个详细的发布时间表,确定每项内容的发布时机和渠道,同时考虑到不同平台的最佳实践。在内容发布后,使用分析工具监控其表现,并根据反馈适时调整内容策略。虽然内容日历需要提前规划,但也要保持一定的灵活性以应对不可预见的事件。定期评估内容日历的效果,确保内容营销活动能够持续优化,实现既定的营销目标。

2.2.1.7　实施与监控

实施阶段的核心是将策略转化为具体行动。这涉及按照内容日历的安排,创作和发布各类内容。在创作过程中,作者、编辑和设计师需要密切合作,确保内容不仅吸引人,而且符合品牌的声音和价值观。内容完成后,应进行仔细的审查和SEO 优化,以确保内容在发布时既无误且易于被搜索引擎发现。

随后,内容将根据预定的时间表在不同的渠道上发布。这不仅包括公司的官方网站和博客,还可能包括社交媒体平台、电子邮件营销和其他线上及线下资产。对于每一项内容,都应记录发布时间和渠道,以便于后续的分析工作。

一旦内容发布,监控工作随即开始。这需要使用各种工具来追踪关键指标,通过社交媒体平台的内置分析工具来评估点赞、评论和分享数量(见图 2-4)。收集用户的直接反馈同样重要,它可以提供更深入的见解,帮助理解内容对受众的实际影响。

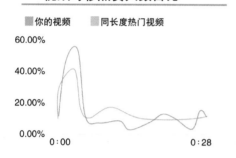

图 2-4

最后,定期的报告和评估是必不可少的。这不仅可以帮助团队了解哪些内容取得了成功,哪些没有达到预期效果,还可以为未来的内容策略提供指导。报告应该总结关键数据和洞见,并明确下一步的行动点。通过持续的监控和评估,内容营销活动可以不断改进,从而更好地服务于目标受众和实现业务目标。

2.2.1.8 评估与优化

评估与优化是内容营销中至关重要的环节,它确保每项策略都能产生最佳效果并持续改进。首先,需要对已发布内容的表现进行定量和定性分析,这包括通过各种工具监测关键绩效指标(KPI),如观看量、分享数、点击率和转化率等数据(见图 2-5)。同时,收集用户反馈和评论以了解内容对受众的实际影响。

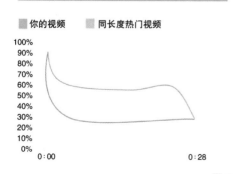

图 2-5

在数据分析之后,对结果进行解读以识别哪些内容最受欢迎、哪些渠道最有效以及用户行为模式等信息。基于这些见解,制定一个详细的优化计划。可能的优化措施包括调整内容策略以更好地对准目标受众的兴趣,改善内容制作和发布流程以提高效率,以及更新 SEO 战略以增强内容的在线可见性。

优化还应该涉及技术层面的改进,如提高网站的加载速度,确保内容的兼容性以及改进用户界面和体验。同时,鼓励跨团队协作,以确保在不同渠道间形成统一且协同的市场信息传递。最终,持续的评估与优化可以帮助企业建立起一个更加精准、高效和互动性强的内容营销体系。这不仅有助于提升品牌形象和用户参与度,也能够实现更好的营销投资回报,推动业务持续发展。

2.2.1.9 反馈循环

在内容营销中,建立一个高效的反馈循环是至关重要的。这个循环保证了策略和执行方案能够持续改进,以适应不断变化的市场条件和目标受众的需求。

首先,需要明确设置可量化的关键绩效指标(KPIs),这些指标将作为衡量内容成功与否的标准。它们可能包括网站流量、用户参与度(如评论、分享和点赞的数量)、转化率等数据。这些指标不仅能帮助团队了解内容的表现,还能指出哪些领域有提升的空间。

其次,要通过各种渠道收集相关数据,并进行深入分析。这涉及监控社交媒体平台、分析网站行为数据、评估销售转化情况以及收集直接的用户反馈。通过这些数据,可以对内容的效果进行全面评估,并识别出哪些内容最受欢迎、在哪些地方需要改进。

接下来,根据收集到的数据和用户反馈,对内容策略进行调整。这可能包括改变内容的主题、格式或发布时间,优化 SEO 战略,或是调整发布渠道以更好地到达目标受众。在这个过程中,维持与受众的互动至关重要,它有助于增强品牌与用户之间的联系,并促进社区内的正反馈循环。

对于过去的成功或失败的内容,考虑重新利用或进行调整以适应新的市场趋势或受众需求。同时,培养和维护"常青树"型内容,即那些能够长期吸引流量并具有持久价值的内容,可以帮助品牌稳固其市场地位。最后,利用社交平台进行积极的听众倾听,及时捕捉和响应用户的意见和建议。这种实时的反馈机制能够让品牌迅速适应市场变化,确保内容营销策略始终保持相关性和吸引力。

2.2.2 目标受众的需求分析

2.2.2.1 数据收集与整合

在目标受众需求分析的初步阶段,数据收集与整合是至关重要的基础工作。首先,需要利用多种工具和方法从多个渠道搜集数据。这包括但不限于市场调研、社交媒体分析、网站行为日志和客户关系管理(CRM)系统中的客户数据。通过在线调查和社交监听工具,可以收集到关于受众喜好、兴趣和反馈的宝贵信息。同时,网站分析平台能够提供用户行为模式的详尽数据,如页面浏览、点击率和转换路径等。

接下来,进行人口统计数据的搜集,涉及目标受众的年龄、性别、地理位置、教育背景和职业等信息。这些信息有助于描绘出受众的基本轮廓,并为后续的市场细分和买家角色建模提供关键数据。

心理图像信息的获取则更为深入,它包括受众的生活方式、购买习惯、使用场景和消费动机等。通过分析这些信息,可以更好地把握受众的内在需求和心理特征,为创建具有吸引力的内容提供指导。

在数据收集过程中,还需进行数据的清洗和整合。这意味着要去除重复、错误或不完整的数据记录,确保数据的质量。然后,将各种数据源汇总成一个统一的格式或数据库,以便进行综合性分析。建立数据仓库或使用数据管理平台,可以在这一步骤中提供帮助,确保数据的完整性和易于访问性。

最终,通过上述细致的数据收集与整合过程,内容营销团队将拥有一个全面且多维度的数据集。这个数据集不仅为基础分析提供了坚实的基础,也为进一步深入理解目标受众的需求、行为和偏好奠定了基石,从而能够更精确地制定和调整内容策略。

2.2.2.2　目标市场细分

在完成了数据收集与整合之后,下一步关键的步骤是进行目标市场细分。此环节的目的是将广泛且多样化的目标市场划分为具有相似特征的更小、更具管理性的子群体,以便为这些特定的细分市场制定个性化的内容策略。

首先,营销团队需要利用已经搜集到的人口统计数据,如年龄、性别、地理位置等因素,对市场进行初步划分。这有助于快速识别出潜在的细分市场,并估计每个细分市场的规模和访问的难易程度。

接下来,结合心理图像信息,如消费者的兴趣、爱好、生活方式以及用户的行为数据,如网站浏览路径和购买历史,对市场细分进行进一步的精细化。这能够揭示不同消费者群体的独特需求和偏好,从而帮助营销团队创建更加针对性的内容。

为了更科学地进行市场细分,可以使用先进的分析技术,如聚类分析、主成分分析或人工智能算法。利用这些方法能够从大量数据中挖掘出有意义的模式和关系,帮助营销人员验证不同的市场细分,并确保细分基于实际的数据驱动。

在确定了潜在的市场细分之后,评估每个细分市场的有效性至关重要。可以通过市场测试和数据分析来评估各细分市场对特定内容和营销活动的反应度,进而确定哪些群体最具吸引力和转化潜力。

最后,编制详细的市场细分报告是这一过程的关键成果。报告应当包括每个细分市场的特征描述、规模估计、行为趋势以及内容偏好等关键信息。这些信息将为后续的内容开发、定制和营销策略提供宝贵的指导。

需要注意的是,市场细分是一个持续的过程。随着市场环境的变化和新数据的不断涌现,重要的是要定期回顾和更新细分策略。这确保了细分保持相关性,并且可以根据最新的市场趋势进行调整。通过这种专业化的市场细分过程,内容营销团队不仅能够精确地定位和理解目标受众,而且能够优化资源的分配,实现更高的营销效率和效果。

2.2.2.3　买家角色建模

买家角色建模是内容营销战略中的一个核心环节,它在市场细分的基础上进一步深化了对目标受众的理解。通过创建具体的买家角色,营销团队能够更加精确地描绘出目标消费者的特征和需求。

首先,买家角色建模始于将之前收集的人口统计、心理图像和行为数据进行综合分析。通过这些数据,可以识别出目标市场中不同客户群体的共性和差异性。接着,基于分析结果,确定出几个关键的买家角色,每个角色都代表着一类有着共同需求和行为特征的潜在客户。

定义每个买家角色,包括详尽的特征描述,如他们的年龄、职业、地理位置、购物习惯、生活方式、价值观以及他们面临的问题和挑战。把这些信息汇总成一个虚拟人物的详细档案,有助于营销人员更生动、直观地理解目标受众。

为了更好地将买家角色融入日常的营销实践,可以利用海报、图表等视觉化工具来呈现角色信息,使得整个团队可以轻松地理解和记忆。此外,通过编制每个角色的背景故事,可以进一步描绘出他们的生活场景、决策过程和消费行为。

将这些买家角色在团队中分享并应用到实际的内容创作、营销活动和用户体验设计中,可以确保所有工作都紧密对准目标受众的需求和偏好。随着市场的不断变化和更多客户数据的积累,定期更新买家角色模型也是必要的,以确保它们能够反映最新的客户需求和市场趋势。

总之,通过专业化的买家角色建模流程,内容营销团队不但能够更好地理解目标受众,而且能够利用这些深入的见解来制定出更精准、有效和个性化的营销策略,从而提升整体的市场表现和客户互动效果。

2.2.2.4　痛点与需求识别

痛点与需求识别是理解客户并为他们提供解决方案的关键过程。要有效识别这些痛点和需求,首先需要通过各种市场调研方法(如问卷调查、访谈和焦点小组讨论等)收集数据,以深入了解目标客户群体的背景、偏好和遇到的问题。同时,分析客户服务记录、产品评论以及社交媒体上的反馈可以揭示用户的不满和期望。

此外,对竞争对手的产品或服务进行细致的分析有助于发现他们未能满足的市场需求,而关注行业动向则可以预测新兴的需求趋势。利用数据分析工具挖掘用户的行为模式也是识别痛点的一个有力手段。例如,分析网站流量和用户在网站上的行为路径可以揭示用户在哪个环节可能遇到困难。

同理心地图是一个有用的工具,它帮助我们从多个维度深入理解用户的体验(见图2-6)。通过制作同理心地图,我们不仅能够了解用户的思考方式,还能感知他们的情绪反应和行为动机。如果产品原型可用,进行用户测试可以直接观察用户如何互动,哪些功能让他们满意,哪些可能造成困扰。

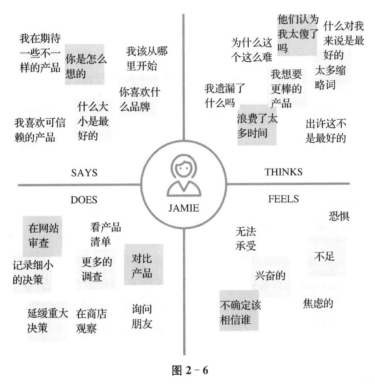

图 2-6

将所有这些信息整合后,我们可以识别最常见的痛点和未被满足的需求,并对它们进行排序,确定解决问题的优先顺序。最后,基于痛点和需求分析,企业可以研发出针对性的解决方案,无论是改进现有产品、开发新产品还是优化服务策略,目的是为用户提供更好的体验和价值。

2.2.2.5 趋势预测与分析

趋势预测与分析是企业制定战略计划和做出关键决策的基础。这一过程涉及对大量历史数据和当前市场信息的研究,旨在揭示未来可能的发展方向和机遇。有效的趋势预测可以帮助企业把握市场脉搏,优化产品和服务,从而在竞争中保持优势。

首先,企业需要收集和整理广泛的数据,包括行业报告、消费者行为统计、宏观经济指标等。对这些数据的深入分析有助于识别市场的现状和发展趋势。同时，监测市场动态，如新技术的出现、竞争对手的策略变化以及法规政策的更新，对于理解整个行业的演变至关重要。其次，通过市场调研和社交媒体分析等手段，企业可以更深入地洞察消费者需求的变化和新兴消费模式。此外，科技发展对企业运营和产品开发的影响日益增大，因此关注并评估新技术的发展对于预测行业趋势尤为重要。

社会文化因素也是影响市场趋势的关键要素。企业应考虑人口结构、生活方式的变化以及可持续性和环境意识等因素如何影响市场需求和消费习惯。通过建立模型并运用统计学方法或机器学习算法来处理数据，企业可以更准确地预测未来的市场趋势。此外，专家咨询可以为趋势预测提供宝贵的洞见和经验。而情景规划则允许企业为不同的未来可能性做好准备，并为每种情况设计应对策略。随着新信息的产生，企业需要不断更新其趋势预测模型和假设，以确保预测结果能够反映最新的市场状态。

最后，根据趋势预测的结果，企业应及时调整其产品、市场定位和运营策略，以便抓住新的商机或规避潜在的风险。趋势预测与分析是一个动态的过程，它要求企业具有前瞻性和灵活性，以适应不断变化的市场和技术环境。通过持续的监测和分析，企业可以更好地预见未来，制定出更加有效的长期战略。

2.2.2.6 持续反馈监测

持续反馈监测是企业维护产品和服务质量、提升客户满意度的重要环节。通过建立多样化的反馈渠道，如在线问卷、社交媒体互动和客服对话，企业能够收集来自客户、员工和其他利益相关者的宝贵意见和感受。同时，自动化工具的应用，如网站行为分析和社会媒体监控，可以实时捕捉用户的行为和反应，为企业提供大量的即时数据。

为了确保有效监测，企业需要设定明确的绩效指标，如顾客满意度指数（CSI）、净推荐值（NPS）等，这些指标可以帮助企业定期评估自身的表现。实时的数据监控和分析进一步使得企业能够快速识别问题，并洞察潜在的机会。

在数据分析阶段，企业需深入挖掘收集到的信息，以发现背后的原因和趋势。此外，鼓励内部团队成员之间的开放沟通也是关键，这有助于形成一种文化，其中每个人都能自由地分享反馈和见解，从而促进整体的进步。

将不同来源的反馈整合起来，企业可以得到一个全面的市场和内部运营情况视图。基于这些信息，企业可以制定行动计划，解决已识别的问题或利用新的机会。实施改进措施后，必须进行效果测试，并根据测试结果调整方案。

最后，为确保持续性的改进，重要的是要建立一个闭环反馈系统，不断地对产品和服务进行调整和优化。持续反馈监测使企业能够灵活适应市场的变化，提高决策的质量,并确保战略与消费者的实际需求紧密相连。通过这种循环的过程,企业可以不断提升自身竞争力,同时为客户带来更好的体验。

2.2.2.7　假设验证与优化

假设验证与优化是确保企业策略和产品开发符合市场需求并有效实施的关键环节。在初级阶段,团队需要基于已有的市场研究、用户数据和经验洞察来制定可测试的业务假设。这些假设通常涉及用户需求、产品特性的预期影响或市场反应等方面。

为了验证这些假设,必须设计并执行实验,如 A/B 测试或原型测试,旨在控制变量并准确衡量结果。实验的实施需要精确的数据收集工作,以保障后续分析的准确性。通过应用统计分析和其他数据处理方法,企业可以解释实验结果,确定哪些假设得到支持,哪些需要重新考虑。

无论实验结果如何,从每次实验中吸取教训都是至关重要的。如果一个假设被证实是正确的,那么它可能会被推广到更广泛的实践中;如果假设不符合预期,就需要根据数据分析进行相应的调整。这种迭代过程允许企业不断优化其产品特性、营销策略和业务流程,直至找到最佳方案。

有效的假设一旦被确认,就可以在更大的规模上实施。在此过程中,持续监控相关的业务指标是必不可少的,以确保改进措施能够持续产生积极的效果。此外,整个验证和优化的过程应该详细记录,便于团队成员学习和未来的回顾。

最后,但同样重要的是,所有相关人员都应该了解改变的内容及其原因,必要时还应接受培训以确保新的方法被正确执行。假设验证与优化不但有助于减少决策风险,提高资源效率,而且也是提升客户满意度和驱动企业持续增长的重要驱动力。通过不断的测试、学习和优化,企业可以更灵活地适应市场变化和客户需求,从而保持竞争优势。

2.3　创意方法与脚本开发

2.3.1　创意思维的培养

2.3.1.1　多样化的阅读

多样化的阅读是培养创意思维的重要途径,它可以涉及多个维度和实践方法。例如,你可以设定每周阅读一本与自己专业不同的书籍,从中发现与其他领域的联结点。同时,每月至少阅读一本来自不同文化背景的作者的作品,无论是通过国际书店还是利用电子书资源。此外,安排时间交替阅读经典文学与现代作品,比如《红楼梦》和村上春树的《挪威的森林》。在类型选择上,挑战自己跳出舒适区,如果习惯了小说,不妨尝试阅读科普类书籍,如《人类简史》或《未来简史》,或者探索个人发展类书籍,如《高效能人士的七个习惯》。

阅读时,练习批判性思维,对作者的观点进行质疑并寻找支持或反驳的证据,这有助于形成独立的思考能力。将阅读中获得的知识应用到创作或工作中,实践中继续学习和成长。与他人分享你的阅读经历,可以是线上的书评或是与朋友的讨论,这样的交流有助于拓展思路和深化理解。最后,建立固定的阅读习惯,每天抽出固定时间段专注于阅读,并通过记录自己的读书笔记来追踪阅读轨迹和感悟。通过这些具体的做法,多样化的阅读能够有效地丰富你的知识储备,激发创意思维,并为创作提供源源不断的灵感。

2.3.1.2 观察和探索

观察和探索是培养创意思维的重要手段,它要求我们积极地与世界互动,从中汲取灵感。要实践这一点,可以从日常生活中的小事做起:在街头散步时,留心周围建筑的风格、路人的表情或街头艺术家的表演,并想象这些场景背后的故事。在自然环境中,仔细观察植物的生长方式、动物的行为模式,感受自然的韵律和节奏。此外,改变常规的环境,比如旅行到一个新城市或参加一个不熟悉的社交活动,强制自己脱离舒适区,从而激发新的想法。在这个过程中,始终携带笔记本或使用手机记录那些瞬间的灵感和想法,它们可能是未来创作的宝贵素材。通过这样的观察和探索,你可以更加深入地理解世界,发现那些常人忽视的细节,并将它们转化为独特的创意输出。

2.3.1.3 思维导图

思维导图是一种强大的视觉化工具,用于组织和增强创意思维。它通过将想法和概念以图形化的方式展现出来,帮助人们更好地理解和生成新的思考路径。使用思维导图作为创意思维的工具,首先确定一个中心议题,让它成为导图的核心。然后,像树枝一样从核心向外延伸出主要分支,每个分支代表一个与中心主题直接相关的关键概念或思路。在这些主分支上,继续以树状结构展开次级分支,细化并丰富你的想法。用关键词和图像标记各个分支,同时利用颜色编码来区分不同的思路或关系,增加可读性和艺术性。通过连接线和箭头来揭示概念间的动态关联。导图的布局应保持灵活,不必拘泥于特定的排列方式,让思维自由流动。随着思考的深入,不断回顾和完善你的思维导图,这是一个迭代的过程,新的想法可以随时加入。这种方法适用于多种情境,无论是个人学习还是团队合作,都能够有效地促进信息的组织和创意的产生,帮助我们在复杂的数据和想法中找到清晰和创新的解决方案。

2.3.1.4　逆向思维

逆向思维是一种富有挑战性的创意策略,它鼓励我们从与常规相反的角度出发来审视问题和构思解决方案。要在实践中运用这种方法,可以首先针对一个既定的观点或常规做法有意识地提出相反的命题。例如,如果普遍认为效率是最佳生产力,那么逆向思维会探索在什么情况下慢节奏或休息能带来更高的产出和创造力。当面对一个问题时,试着从通常的结论开始反向推理,看看能否找到新的解决路径或导致问题的根本原因。此外,逆向思维可以帮助我们推翻旧的思维模式,激发全新的理论或概念。在艺术和设计领域,这种思考方式尤为有力,它推动设计师和艺术家突破传统界限,结合看似对立的元素,创造出新颖且引人注目的作品。通过普遍应用逆向思维,我们不仅增强了对现有知识和假设的批判性审视,还能够打开通向创新思路的大门,发现前所未有的可能性。

2.3.1.5　创意练习

要持续提升创意能力,可以定期进行一系列的创意练习。首先,尝试从新角度审视日常物品,想象它们如何被重新设计和使用。再从书籍或杂志中随机挑选词汇,利用这些随机词汇来激发新的创意思考。通过模仿喜欢的艺术作品,我们不仅能学习技巧,也可能在此过程中找到自己独特的表达方式。给自己出一些逆向思维的难题,比如"如何降低工作效率"或者"怎样才能使一个房间不适宜阅读",然后尝试找出解决方案。利用思维导图探索和扩展与主题相关的各种概念,这有助于培养广泛的联想能力。尝试根据一个开头或结尾来编织一个完整的故事,锻炼叙事和构思能力。利用写作提示或情景描述启动想象力,撰写短文或故事。将两个看似没有联系的对象或概念组合起来,设想它们能创造出怎样的新事物。最后,给自己设定时间限制,挑战在规定时间内快速生成创新点子,这样的定时挑战能够提高思考的速度和灵活性。通过这些具体的创意练习,可以不断磨炼和提升我们的创造力,同时享受创造过程带来的乐趣。

2.3.2　故事板的制作与脚本撰写

2.3.2.1　确定故事情节

首先,需要明确故事想要传达的中心主题或信息,这将成为后续创作的指导原则。其次,可以采用传统的三幕结构来规划故事的起承转合:第一幕设定背景、人物和初步冲突;第二幕通过一系列事件和转折点推动故事发展,直至高潮;第三幕收束故事,揭示解决方案和结局。

在这一过程中,详细描绘出角色的性格、动机和目标,确保角色的行为与故事情节紧密相连,同时构建角色间的复杂关系。草拟情节大纲,简明扼要地描述故事的起始状态、主要事件和结束方式。识别并设定故事的主要冲突点,以及这些冲突的解决途径,确保它们能够有效地促进故事的发展和维持观众的兴趣。设计主角的情感弧线,使其与情节紧密相扣,为观众打造一个引人入胜的情感旅程。对这个过程中的所有决策都应仔细考量,以确保最终的故事连贯、合理且情感充沛。

2.3.2.2　划分场景

在故事情节确立之后,划分场景是将故事转化为可执行制作步骤的关键。首先,细致分析故事情节,识别出推动故事发展的关键事件和转折点。对于每个场景,明确其目的,无论是推进情节、描绘角色还是营造气氛。创建一个场景清单,详细列出所有场景并描述它们包含的主要动作和目标。确保这些场景按照逻辑顺序排列,以保持故事的流畅性和连贯性。对每个场景的长度和重要性进行评估,以便决定应该分配多少资源和时间来展示它们。考虑场景之间的过渡,无论是通过时间、空间还是情绪的连续性来实现,确保它们自然而流畅。最后,为每个场景进行初步的视觉化构思,包括场景设计、角色动作和镜头布局,以便在故事板和脚本撰写阶段能够具体指导工作。这种细致的场景划分为整个创作过程提供了清晰的框架和方向,便于团队成员理解各自任务并有效协作。

2.3.2.3　绘制草图

绘制草图是创作过程中将故事和场景具体化的关键步骤,它涉及将想象中的视觉元素转化为纸上的初步构图。首先,针对每个关键场景构思出能够捕捉情感和故事进展的画面。接着,以简单的线条勾勒出场景的基本形状和构图。不必担心细节,只需确保主要形状和动作被准确地捕捉。然后,逐步在轮廓基础上增加细节,如角色表情、服装纹理和背景元素,使画面更加生动和丰富。注意动作的流畅性和视线的引导,以便自然地带领观众关注画面的重点。尝试从不同角度和视点绘制同一场景,寻找最能传达故事和情感的视角。在此过程中,使用参考资料以提高草图的真实性和准确性,并且不断修正草图,直到达到满意的效果。最后,向同事展示草图以获取反馈,他们的意见可能会帮助我们发现问题并提供新的创意。这一阶段的工作是后续故事板和脚本撰写的基石,因此,充分利用草图阶段的灵活性和创造性来探索和创新至关重要。

2.3.2.4　添加文字说明

在制作故事板和撰写脚本时，文字说明是连接创意与执行的桥梁。它们提供了必要的信息和方向，确保每个团队成员都能理解视觉叙事的需求和细节。首先，我们需要对故事情节进行文字描述，这包括场景的时间、地点和背景环境。例如，我们可以这样描述："场景设定在一个安静的乡村早晨，金色的阳光洒在田野上，鸟儿在空中飞翔。"这样的描述能够帮助团队理解和营造正确的氛围。

其次，角色动作和表情也需要详细的文字说明。这些说明可以帮助演员和动画师捕捉角色的情感和动作。例如："主角小明的脸上露出了失望的表情，他缓缓地低下头，深深地叹了口气。"这样的描述能够指导表演的方向和情感的深度。

镜头指令是文字说明中非常重要的一部分。它们指导摄影师和导演如何捕捉场景，包括选择何种镜头、相机的位置和运动。例如："从高角度开始，相机慢慢地向下倾斜，最终以主角的脸部特写结束。"这样的说明能够确保镜头的运动和效果符合创意愿景。

对话和声音的文字说明则是场景中不可或缺的部分。它们记录了角色之间的对话内容和特定的音效需求。例如："在紧张的背景音乐中，主角紧张地说：'我们必须马上离开这里。'"这样的描述不仅包括话语，还涉及音乐和声音效果的搭配。

最后，特效和剪辑的文字说明确保了后期制作的精确性。这些说明详细描述了所需的视觉效果和剪辑技巧。例如："随着主角的尖叫，屏幕出现白色闪光效果，伴随爆炸声。"这样的描述为特效团队提供了明确的指导。

通过这些文字说明，故事板和脚本成为一个全面的指南，它们不仅传达了视觉叙事的要素，还提供了执行过程中所需的细节。这使得整个制作团队能够统一理解并协同工作，将创意想法转化为生动的故事。

2.3.2.5　完善细节

在创意制作过程中，完善细节是实现故事板和脚本愿景的关键环节。这一步骤要求创作者深入挖掘每个元素，确保它们共同协作，以最真实、最有力的方式讲述故事。

首先，角色的细节完善是至关重要的。这不仅包括角色的外观特征，如服装、发型和妆容，还包括他们的行为举止、语言习惯和情感反应。例如，如果一个角色是经历过战争的老兵，那么他的衣着可能会显得磨损而实用，他的动作可能带有疲惫但警觉的特点，而他的语言可能简洁有力，充满了命令的口吻。这样的细节能够帮助演员和其他创作人员更好地理解和呈现角色。

其次，场景和设置的细节完善同样重要。每个场景都应该有其独特的视觉风格和氛围，这些可以通过光线、色彩、道具和背景来实现。例如，在一个充满魔法的森林中,可能会有闪烁的灯光、奇异的植物和神秘的阴影来营造一种神秘而古老的感觉。这些细节不仅吸引观众的眼球,也帮助他们沉浸在故事的世界里。

动作和互动的细节也是故事表现力的关键。角色之间的互动,如触碰、拥抱或避免眼神接触,都可以传达深刻的情感和关系。例如,两个角色之间的距离可能在他们的对话中暗示着不信任或疏远,而紧密的身体接触则可能表现出亲密或团结。通过精心设计这些动作和互动,可以增强故事的情感深度。

对话和声音的细节完善是让角色和场景栩栩如生的另一要素。对话应该反映角色的个性和当前的情绪状态,同时也要考虑说话的节奏、音量和语调。此外,背景音乐和音效的设计应该与场景的情感相匹配,增强观众的体验。例如,在一场紧张的追逐场景中,快节奏的音乐和重低音的使用可以增加紧迫感。

最后,镜头和剪辑的细节完善是确保故事流畅传达的关键。镜头的选择、运动和排列应该服务于故事的叙述,引导观众的注意力,而剪辑的节奏和过渡效果则影响着故事的节奏和情绪。例如,连续快速的剪辑可以在战斗场景中创造混乱和紧张的感觉,而缓慢的溶解过渡则可以用于描绘时间的流逝或情感的转变。

通过这些细节的精心打磨,故事板和脚本成为一个生动且具有指导性的叙事工具。它不仅为创作团队提供了清晰的指导,也为最终的作品赋予了深度和真实感,让观众能够完全沉浸在故事的世界中。

2.3.2.6 编写脚本

编写短视频脚本是一个将故事板和前期草图中的视觉叙事转化为详尽文本的过程,它需要遵循一定的格式和步骤以确保剧本的清晰性和可执行性。首先,确认脚本遵守行业标准格式,包括页眉、场景编号、场景描述、角色名的格式化以及对话和舞台指令的排版。在具体编写时,保持故事的连贯性是首要任务,这意味着脚本内容要与之前的故事板和草图保持一致。

与此同时,重视对话的重要性,它不仅要传达情节信息,还要展现角色性格及相互间的复杂关系。此外,体现"展现而非告诉"的原则,通过角色的动作和交流来揭示情感和事件,而不是直接叙述。控制好节奏和张力,根据叙事的需求调整对白长度和场景切换的节奏。最后,脚本编写不是一次性完成的,它需要多次修订和精炼,以达到语言上的精确和叙事上的流畅。通过这一过程,故事板中的视觉元素被赋予文字和声音,为接下来的拍摄和制作打下坚实的基础。

2.3.3 拍摄计划的制定与准备

2.3.3.1 确定拍摄时间表

在制定短视频拍摄的时间表时,需要紧密围绕短视频的特点进行规划。首先,由于短视频通常时长较短,对时间的控制必须精确无误,确保每个场景都能在有限的时长内传达出核心内容。因此,拍摄计划要设计得更为紧凑和高效,以适应短视频快节奏的拍摄风格。准备阶段需选择轻便、易于快速搭建的装备,并安排能够快速转换的场景和设置,以便在短时间内完成多个场景的拍摄。对于演员的时间安排也要集中,可能需要在一天内完成他们的所有镜头。

此外,考虑到短视频可能频繁面临不可预见情况,制定计划时要有足够的灵活性来应对突发状况。后期制作同样需要预留合理的时间,保证短视频能够在最短的时间内完成剪辑和发布。由于短视频可能会根据反馈进行调整或重拍,拍摄计划应当预留出迭代的空间。同时,考虑到社交媒体趋势的迅速变化,拍摄内容应与之保持同步,并在计划中考虑吸引用户参与的元素。通过这样的详细规划,短视频的拍摄工作才能在有限的时间内达到预期的效果,满足快速变化的社交媒体环境需求。

2.3.3.2　确定拍摄地点

在确定短视频的拍摄地点时,首先要确保所选择的地点与视频的主题和情感基调相匹配,以增强故事的视觉冲击力。考虑到短视频通常对时间和资源有更为紧凑的限制,挑选具有良好自然光照或便于快速搭建灯光设备的场地是至关重要的。同时,拍摄地点应具备视觉吸引力且符合视频风格,同时避免嘈杂的背景噪声干扰视听效果。此外,必须确认场地在预定时间内的可用性,并处理好所有必要的拍摄许可。选择地点时还应考虑其交通便利性,以便于团队和设备到达,并在必要时安排物流支持。预算限制也是决定地点选择的重要因素,包括场地租赁费用、差旅和住宿开销等。

安全永远是首要考虑,确保拍摄地点没有安全隐患。在需要隔离外界干扰的情况下,选择私密性较高的场所会更有利于控制拍摄环境。如果一个短视频涉及多个场景,应考虑地点之间的地理布局,以减少移动的时间和成本。最后,为了后期制作的便利,选择可以在后期轻松调整或替换的背景和地点是明智之举。通过这样细致的考量,可以为短视频的拍摄提供最佳的地理条件,从而创作出更具吸引力的视频内容。

2.3.3.3　安排演员和工作人员

在安排短视频拍摄的演员和工作人员时,首先需要根据脚本明确角色的具体需求,包括外观特征、性格特点以及演技水平。接下来,确认演员的档期,确保他们能够在预定的拍摄时间内到场,并安排彩排和表演训练以提升他们的表演效果。同时,根据短视频的规模,精心挑选合适数量和技术熟练的工作人员,如摄影师、灯光师和造型师等,以确保各个环节能够顺利进行。

制定详尽的工作时间表,包括每个人的具体工作时间和必要的休息时间,并通过建立清晰的沟通渠道来维持片场秩序。此外,确保所有人员都遵守现场的安全规定,并符合法律法规的要求。安排服装师和化妆师来负责演员的造型,使之与视频风格相符,并提供后勤支持,如餐饮和交通安排,以保证团队的工作效率和舒适度。通过这样的细致安排,可以确保短视频的拍摄工作在人力配置上得到优化,从而提高制作效率和成品质量。

2.3.3.4　准备道具和服装

在准备短视频的道具和服装时,首先需根据脚本详细分析每个场景的具体需求,理解角色背景和情感走向,以确保所准备的元素能够强化故事叙述。接着,基于视频的整体风格和导演的创意视角,精心设计或挑选与角色性格和剧情发展相契合的服饰和道具。考虑到制作预算的限制,选择性价比高的采购、租赁或自制方案,并安排足够的时间进行定制和调整,确保它们的外观、功能和舒适性达到预期标准。对于所有服装和道具,安排试穿和测试,以确认它们在实际拍摄中的适用性,并进行必要的维护和管理,保证它们在整个拍摄过程中保持最佳状态。此外,妥善规划运输和储存,准备备用方案,以防不测之需。在使用具有特定版权或品牌元素的物品时,务必遵守相应的法律规定,避免侵权问题。通过这些周到的准备,短视频的视觉效果将得到显著提升,同时也有助于讲述更加引人入胜的故事。

2.3.3.5　制定预算

在制定短视频拍摄的预算时,首先要进行全面的项目需求分析,明确制作目标和质量标准。接着,详尽列出所有预期支出,包括人员工资、设备租赁、场地费用、道具服装、后期处理以及交通餐饮等,确保每一项费用都被考虑在内。同时,设立预备金以应对不可预见的额外开销。在资源有限的情况下,优先保证对视频质量影响最大的元素(如画质和声音)进行投资。进行成本效益分析,确保每一笔投入都能得到相应的回报。保持预算的灵活性,根据实际情况调整资金分配,如选择更具成本效益的拍摄地点或简化场景设计。

建立精确的预算记录和监控体系,保持所有财务流水的透明度,并定期向相关利益方报告预算使用情况。识别可能的风险因素,提前规划应对措施,并确保所有财务活动都符合法律法规和税务要求。通过这样严格的预算制定和管理,可以确保短视频项目在经济上的可持续性,为创作过程提供稳定的财务支持。

2.3.3.6　准备拍摄设备

在准备短视频拍摄设备时,首先应根据剧本和导演的视觉要求,详细分析所需的设备类型和数量。选择与视频风格相匹配且在预算范围内的高质量设备,包括摄像机、镜头、三脚架、照明器材和音频设备等。在拍摄前对所有设备进行全面测试，确保其功能正常，避免拍摄中断。准备必要的备件，如额外的电池和存储卡，以防万一。对于昂贵或特殊用途的设备，考虑租赁以减少成本。

安排合理的物流计划，确保设备安全到达拍摄地点。现场应有专人负责设备的管理和维护，以应对任何突发情况。同时，考虑到后期制作的需求，确保所选设备能够提供与后期工作流程兼容的素材。如果可能，携带技术支持人员或确保有可靠的技术支援，以便快速解决设备问题。对于高价值的设备，购买适当的保险，并进行定期维护，以延长其使用寿命。通过这些细致的准备工作，可以确保拍摄过程中设备的可靠性和效率，从而提升整个短视频的生产质量。

课后习题

1. 简要概括短视频的类型及特点。
2. 如何进行受众分析？
3. 如何进行短视频的拍摄？

第三章　内容优化与调整

本章将深入探讨内容优化与调整的核心要素，包括数据分析基础、观众行为分析与反馈以及内容迭代策略。我们将一起探索如何通过数据解读和监测工具来洞察内容的表现和效果，如何运用用户观看行为分析和互动反馈来改进内容，以及如何制定有效的内容迭代策略来应对不断变化的市场和用户需求。

3.1　数据分析基础

3.1.1　关键数据指标解读

3.1.1.1　观看次数与曝光度

在短视频的世界中，观看次数和曝光度是衡量内容表现的重要指标。观看次数代表了视频被播放的总数，无论观众是否真正完整地观看了整个视频。曝光度则指视频被不同用户看到的次数，它通常与平台推荐系统的算法息息相关，同时也受到用户互动的影响。理解这两个指标对于评估视频的市场表现和观众接受度至关重要。

为了增加观看次数和提高曝光度，内容创作者需要采取多方面的策略（见图3-1）。精心设计的标题和缩略图可以有效吸引用户的注意，而高质量和有价值的内容能够促使用户进行观看和分享。此外，合理利用关键词和搜索引擎优化（SEO）可以提高视频在搜索结果中的排名，从而增加其可见性。社交媒体的推广同样是一个扩大视频观众群体的有效途径。最后，分析用户活跃时间并据此发布视频可以帮助获取更多的曝光。

图 3 - 1

内容创作者应定期分析观看次数和曝光度的数据,以便了解哪些内容更受欢迎,哪些推广策略更有效。通过数据驱动的方法,可以不断调整和优化内容策略,以实现更好的表现。例如,如果某一类型的视频获得了较高的观看次数和曝光度,创作者可能会选择创作更多类似的内容。反之,如果某些视频的表现不佳,创作者则需要分析原因并调整未来的内容方向或推广方法。

观看次数和曝光度的高低可以为内容创作者提供重要的市场反馈。高观看次数意味着内容能够有效地吸引和留住观众,而高曝光度则表示内容具有较广泛的吸引力。当这两个指标同步增长时,表明内容不仅能够吸引观众,还能够引发观众之间的讨论和分享,这对于建立品牌认知度和扩大影响力尤为重要。通过深入分析和积极调整,创作者可以更好地理解观众需求,提高内容的吸引力,从而在激烈的市场竞争中脱颖而出。

3.1.1.2　观看时长与用户留存

观看时长指的是用户实际观看视频内容的时间长度,它反映了视频能够吸引用户停留的能力。这一指标对于评估内容的质量和吸引力具有重要意义。用户留存则是指在一定时间内,用户返回平台观看视频的次数或比例,它是衡量用户忠诚度和内容持续吸引力的关键指标。

要提高观看时长,内容创作者需要制作引人入胜的内容,使观众愿意完整地观看视频甚至反复观看。优化视频的开头,迅速吸引观众的注意力,是提高观看时长的关键。此外,提供有价值、有教育意义或极具娱乐性的内容可以增加用户的观看意愿。在视频中使用悬念或提示后续内容也鼓励用户继续观看。

提高用户留存率要求内容创作者定期发布高质量的内容,以保持观众的兴趣和期待。建立一致的发布时间表,帮助观众形成观看习惯。通过互动元素,如提问、挑战或邀请观众在评论区分享观点,可以增加用户的参与度和归属感,从而提高留存率。

观看时长和用户留存数据可以帮助内容创作者了解哪些内容最能吸引观众,并据此调整创作策略。通过分析这些数据,创作者可以识别出哪些部分的视频最受欢迎,哪些地方可能导致观众流失。这样的洞察有助于优化未来的内容,使其更加贴合观众的喜好和期望。

在实践中,观看次数、曝光度、观看时长和用户留存等指标应被综合考虑。例如,一个视频可能拥有高观看次数,但若观看时长较短,可能意味着内容无法深度吸引用户。同样,即使用户留存率高,但如果观看次数和曝光度低,也表明内容传播范围有限。因此,多维度的数据解析能为内容创作者提供更全面的成功指标,指导他们制定全方位的内容和营销策略。

3.1.1.3 点赞数与用户喜好

点赞数作为衡量用户对视频喜爱程度的直接指标,是用户积极参与的一种表现。它不仅反映了观众的正面反馈,还通常与内容的质量及其传播能力密切相关。用户喜好则更为全面,它通过用户的一系列行为(如点赞、评论、分享和观看时长等)体现出来(见图 3-2)。这些行为数据帮助内容创作者描绘出目标受众的兴趣图谱,并据此调整内容策略以提升效果。

图 3-2

为了增加点赞数,除了制作能够引起共鸣、启发思考或提供娱乐价值的内容外,还可以通过一些具体的策略来激励用户的点赞行为。例如,在视频中适时地使用明确的呼吁性文字或图形,鼓励观众表达他们的支持。此外,与观众建立起情感联系,讲述引人入胜的故事或展示具有感染力的情感元素,也是提高点赞数的有效方法。

通过跟踪和分析用户的互动数据,可以揭示用户喜好的深层次模式。这不仅包括哪些主题或类型的视频获得更多的点赞和分享,还包括用户对特定话题的讨论热度、在视频不同阶段的退出率等。评论区的反馈提供了直接的用户意见,而对这些意见的细致分析可以为内容创作提供具体而有价值的指导。

点赞数和用户喜好的数据可以为内容创作者提供宝贵的市场反馈。高点赞数通常意味着内容具有高度的吸引力和感染力,而用户喜好的分析则可以帮助创作者深入理解目标受众。基于这些信息,创作者可以制定更精准的内容策略,满足并激发用户的喜好,从而提升整体的互动和参与度。

点赞数和用户喜好应与其他关键指标如观看次数、曝光度、观看时长和用户留存等一并考虑。这样的综合分析能够为内容创作者提供一个多角度的视图,帮助他们更好地理解内容的整体表现和受众的复杂需求。利用这些数据,创作者可以优化未来的内容计划,实现更加个性化和有效的用户接触。

3.1.1.4 分享次数与社会传播

分享次数作为衡量内容在社交媒体上传播程度的指标,反映了视频从一位观众到另一位潜在观众之间的传递。这一指标不仅展示了内容的病毒式传播能力,同时也是衡量视频受欢迎程度和影响力扩散的重要标准。社会传播则更广泛地涵盖内容在社交网络中的分发情况,包括被其他用户、网页或平台转载和引用的频率。

要提高视频的分享次数,内容创作者需关注内容的质量和传播策略。制作具有高度创意、富有启发性、情感共鸣或提供独特价值的内容,包括强烈的视觉元素或引人入胜的故事情节,这些都鼓励用户进行分享。此外,简化分享过程,如在视频中添加易于识别的分享按钮,以及在适当的时间点使用分享呼吁,都能显著提升内容的分享概率。

社会传播效果的分析通常需要借助各种社交分析工具(见图3-3),这些工具可以追踪内容在不同社交平台上的传播路径和范围。通过分析不同渠道的分享动态和用户互动,内容创作者可以了解哪些渠道最有效,并识别出关键的传播节点和意见领袖。

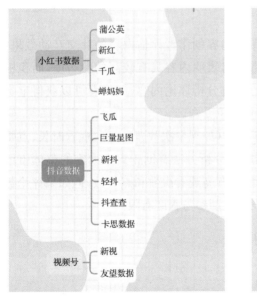
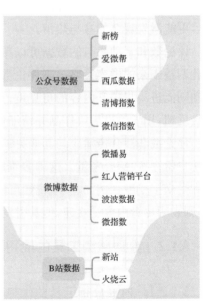

图3-3

分享次数和社会传播的分析为内容创作者提供了关于如何改进内容的线索。通过识别那些促成高分享率的共同因素,比如特定主题或表现手法,创作者可以复制和强化这些要素以提高未来内容的分享潜力。同时,了解内容在社会网络中的流动机制可以帮助创作者更好地利用社交媒体的力量来扩大观众群体。

分享次数和社会传播应与其他关键指标（如观看次数、曝光度、观看时长、点赞数和用户留存等）综合考量。这种多维度的分析方法有助于揭示内容的整体市场表现和受众接受度。例如，一个视频可能拥有高观看次数和点赞数，但如果分享次数较低，则表明尽管内容受欢迎，但其传播潜力并未得到充分利用。

3.1.1.5 评论数与互动参与

评论数作为衡量内容互动参与度的直观指标，反映了观众在观看视频后愿意表达意见和反馈的程度。这不仅是内容吸引力的一个重要体现，同时也是观众参与和社区建设的关键标志。互动参与更广泛地包括用户在视频平台上的所有交互行为，如点赞、分享、评论以及与其他用户的即时互动等。

为了激励用户发表评论，内容创作者可以设计引发讨论的内容，提出开放性问题或争议性话题，邀请观众分享个人见解。在视频中直接呼吁观众留下评论，或在视频结尾处设置悬念，鼓励用户发表预测或猜测，也是提高评论数的有效方法。此外，及时回复用户的评论不仅能增加互动次数，还能建立良好的创作者与观众之间的关系。

通过分析评论区的活跃度和用户间的互动质量，内容创作者可以获得关于观众喜好和反响的深入理解。使用文本分析工具可以帮助识别常见的观点和关键词，从而揭示观众对特定话题的兴趣。同时，跟踪互动趋势有助于识别哪些类型的内容更能激发观众的参与热情。

评论数和互动参与的数据可以帮助内容创作者评估内容的社交互动效果，并据此调整未来的内容策略。高评论数通常表明内容具有较高的参与度，而积极的互动则能进一步提升内容的可见度。通过分析评论内容，创作者可以获得宝贵的直接反馈，用于改进后续作品并精细化定位受众。

评论数和社会传播应与其他关键指标（如观看次数、曝光度、观看时长、点赞数和用户留存等）综合考量。这种多维度的分析方法有助于揭示内容的整体市场表现和受众接受度。例如，一个视频可能拥有高观看次数和点赞数，但如果评论数较低，则表明尽管内容受欢迎，但其引发的互动参与程度有限。

3.1.2 数据监测工具的应用

3.1.2.1 内置分析工具的优势

在当今短视频平台的激烈竞争环境中，数据监测工具成为内容创作者和平台运营者优化策略、提升用户参与度、增加观众黏性的得力助手（见图3-4）。这些工具能够跟踪并分析一系列关键性能指标（KPIs），如观看次数、点赞数、评论数、分享次数等，从而为内容创作和平台运营提供数据支撑。

图 3 - 4

内置分析工具的优势在于它们与平台的无缝集成,为用户提供了便捷的数据访问和处理能力。这些工具通常设计有直观的用户界面(UI),使用户可以轻松地导航和解读复杂的数据集。更进一步,内置分析工具往往搭载了强大的数据处理引擎,可以处理大量复杂的数据,同时提供实时的数据分析和报告功能。这种即时反馈机制对于迅速变化的视频内容市场至关重要,因为它可以帮助创作者及时调整内容以适应观众的偏好。

除了为内容创造者提供反馈,内置分析工具还使平台运营者能够监控用户行为和内容表现,从而更好地理解用户需求。通过对用户互动和观看行为的细致分析,平台可以发现哪些类型的内容最受欢迎,哪些创作者正引起最大的共鸣,以及哪些时间段发布视频最有效等信息。这样的洞见不仅有助于推动平台内容的多样性和质量,也为广告商和合作伙伴提供了有价值的数据,促使他们更精准地投放广告和选择合适的合作对象。

在技术层面上,内置分析工具通常采用最新的数据分析技术和算法,包括机器学习和人工智能(AI)等,这些技术可以在大数据集上进行快速查询和模式识别。这种高级分析可以帮助预测趋势,识别潜在的市场机会,并且在某些情况下,甚至可以自动推荐视频内容给用户,从而提高用户的参与度和满意度。

内置分析工具为短视频平台带来了无可比拟的便利和洞察力。通过提供全面的数据监测和分析功能,这些工具帮助内容创作者和平台运营者优化决策,快速响应市场变化,并最终提升整个平台的表现和用户体验。随着技术的不断进步,我们可以预见,这些工具将变得更加智能和高效,进一步赋能短视频生态系统的创新和发展。

3.1.2.2 第三方分析软件的深度

在短视频平台的内容创作和运营中,第三方分析软件(见图 3 - 5)以其深度和广度的分析能力,成为内置工具之外的重要补充。这些软件通常由专业的数据分析公司开发,不仅提供基础的数据统计功能,还能进行更为深入的数据挖掘和市场洞察,帮助内容创作者和平台运营者更全面地理解复杂的市场动态和用户行为。

图 3 - 5

第三方分析软件的优势在于其高级的数据分析能力。与内置工具相比,它们往往提供更多高级分析功能,如预测建模、用户细分、情感分析和趋势预测等。这些功能可以帮助创作者深入了解用户的心理状态和行为模式,从而创作出更加精准定制和具有吸引力的内容。此外,第三方软件能够整合多个平台的数据,为内容创作者提供一个宏观的市场视角,这对于跨平台内容策略的制定尤为关键。

第三方分析软件的另一个显著特点是它们的定制化能力。根据用户的具体需求,这些软件可以提供定制化的报告和仪表板,使用户能够选择性地跟踪对其最为重要的指标(图 3 - 6)。这种个性化的服务确保了创作者和运营团队能够专注于最影响决策的数据点,从而提高决策效率和准确性。

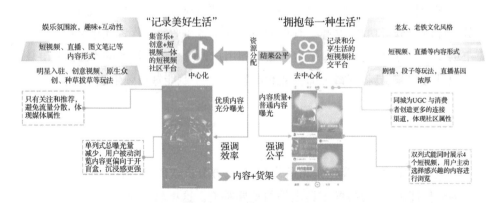

图 3 - 6

此外,竞争对手分析是第三方分析软件提供的另一项重要功能。通过监控同行的表现,内容创作者可以及时了解行业趋势和竞争态势,从而调整自己的内容策略,保持竞争力。同时,这些软件还可能包含用于收集和分析用户反馈的工具,这对于直接理解观众的需求和优化内容至关重要。

尽管使用第三方分析软件可能需要更高的成本和一定的学习投入,但它们提供的深度分析和专业服务使其成为提升内容质量和用户体验的宝贵资源。有鉴于此,许多创作者和运营团队愿意投资于这些工具,以便更准确地识别增长机会,制定更有针对性的内容策略,并在竞争激烈的市场中取得优势。随着数据分析技术的不断进步,我们可以预见,第三方分析软件将为用户提供更多创新的解决方案,进一步推动短视频内容创作和运营的发展。

3.1.2.3　网站分析工具的应用

在当今数字化时代,网站分析工具(见图3-7)已经成为短视频平台内容创作和运营不可或缺的一部分。这些工具提供了强大的数据追踪和分析能力,帮助内容创作者和平台运营者深入理解用户行为,优化用户体验,并提升内容的整体质量和吸引力。

数据分析网

百度统计

腾讯云分析

友盟+

易观分析

199IT数据中心

图3-7

网站分析工具的核心功能之一是用户行为追踪。通过这些工具,团队可以精确地了解用户如何与平台互动,哪些视频内容最受观众喜爱,以及用户在平台上的平均停留时间。这些关键数据不仅可以指导内容创作的方向,还可以帮助优化内容的布局和推荐算法,从而提高用户的参与度和满意度。

流量来源分析是另一个重要的应用。网站分析工具能够显示观众是如何发现视频内容的,是通过搜索引擎、社交媒体还是其他渠道。这一信息对于制定有效的营销策略和内容分发计划至关重要,有助于提高内容的可见性和吸引新观众。

对于商业平台或寻求促进特定行为的创作者来说，转化跟踪功能尤为重要。网站分析工具可以帮助跟踪转化率，如商品销售、广告点击或订阅数量，从而评估不同内容的商业价值和投资回报率。这有助于内容创作者和平台运营者调整策略，以最大化收入和效益。

性能监控也是网站分析工具的一个重要应用。这些工具可以监控平台的加载时间和运行速度，这对于用户体验至关重要。一个高性能的平台可以减少用户流失，提高整体的用户满意度。通过实时监控性能指标，平台可以及时识别和解决可能影响用户体验的技术问题。

A/B测试功能允许创作者测试不同的内容变体，如标题、缩略图或描述，以查看哪些更能吸引观众（见图3-8）。这种实验性的方法可以帮助创作者细化内容策略，找到最有效吸引观众的方法。同时，用户画像构建功能通过分析用户的行为数据，帮助创建详细的用户画像，包括用户的兴趣、偏好和行为模式。这有助于创建更加个性化的内容和推荐，提升用户体验。

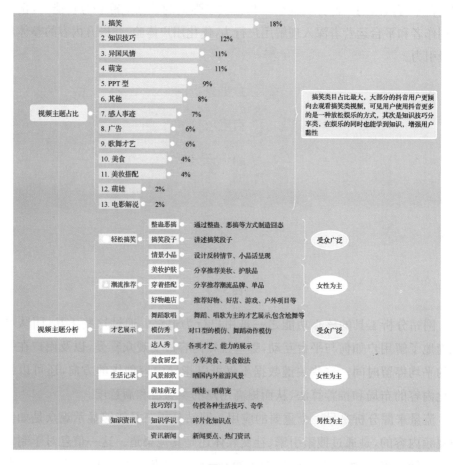

图 3-8

尽管短视频平台主要依赖于内部推荐算法,但搜索引擎优化(SEO)同样重要。网站分析工具可以帮助识别哪些内容在搜索引擎中表现良好,从而指导内容创作者优化其视频的关键词和描述,提高内容的可搜索性。

最后,社交媒体整合功能使得网站分析工具可以与社交媒体平台集成,帮助创作者了解他们的视频如何在社交网络上被分享和讨论,以及这些活动如何影响流量和参与度。这为内容创作者提供了一个全面的视角,以便更好地理解他们的观众,并根据这些信息调整他们的社交媒体策略。

网站分析工具为短视频平台提供了一个强大的数据分析环境,使内容创作者和平台运营者能够基于数据做出明智的决策。这些工具不仅提供了深入的用户洞察和内容表现分析,还帮助团队优化营销策略,提高用户体验,从而在激烈的市场竞争中脱颖而出。随着技术的不断进步,我们可以预见,网站分析工具将变得更加智能化和精细化,为短视频内容创作和运营提供更多创新的解决方案。

3.1.3　内容优化策略

3.1.3.1　发布时间的调整

在短视频平台的内容创作和运营中,发布时间不仅是一个关键的操作细节,也是影响内容成功的重要因素之一。正确的发布时间能够提高内容的可见性,增加观众的参与度,从而提升整体的内容效果。为了最大化内容的影响力,创作者和运营团队需要根据分析数据调整发布时间,制定出与观众行为相匹配的发布策略。

创作者需要通过数据分析工具来了解观众的活跃时间。这些工具能够提供用户活跃度的详细报告,指出观众最频繁浏览和互动内容的时间段(见图3-9)。例如,如果数据显示大多数观众在晚上或周末活跃,那么在这些时间发布新视频可能会获得更多的观看和互动。这样的信息对于确定最佳发布时间至关重要,可以帮助创作者在观众最可能观看的时候将内容推送给他们。

考虑外部事件或节日的影响对于发布时间的调整同样重要。在某些特定的日期或活动期间,用户的在线行为可能会有所不同,他们可能会更倾向于观看与节日或事件相关的内容。因此,创作者可以通过提前规划并利用这些时机发布相关内容,以提高内容的吸引力和参与度。例如,在重大体育赛事、文化节日或其他流行事件期间发布相关内容,可能会吸引更多的观众关注。

观察竞争对手的发布时间也是一个重要的策略。通过分析同行的发布习惯和成功案例,可以发现市场上的有效发布时间,并据此调整自己的发布策略。这不仅可以避开市场竞争最激烈的时段,还可以找到市场上尚未被充分利用的时间窗口,从而获得更多的曝光机会。

用户习惯分析

7点–8点　起床洗漱时间，适合推送碎片化信息

8点–9点　通勤时间，适合推送资讯报道的长文

9点–12点　工作或订餐时间，适合推送职场学习内容

12点–14点　午休时间，适合推送轻松娱乐的内容

15点–16点　下午茶摸鱼时间，适合推送轻松娱乐的内容

18点–19点　回家时间，根据账号定位确定是否推送

20点–22点　自我休闲时间，适合娱乐/学习/购物

22点–24点　情绪主导时间，适合推送情感内容

短视频用户高活跃时间

早上7点–9点

中午11点–14点

晚上18点–24点

图 3 - 9

　　实时监控和反馈是优化发布时间的关键。发布内容后，持续追踪其表现，包括观看次数、点赞数、评论量等关键指标。这些数据可以帮助评估发布时间的有效性，并根据实际效果进行调整。如果某个时间段的表现不佳，可以考虑调整发布时间，尝试在不同的时间点发布内容，以找到最佳的平衡点。

　　发布时间的调整是一个动态且持续的过程，需要基于深入的数据分析和对市场趋势的敏感洞察。通过不断优化发布时间，内容创作者和平台运营者可以提高内容的曝光率，增强与观众的互动，从而提升整体的内容表现和影响力。随着市场的不断变化和观众行为的演进，发布时间的策略也需要不断地进行测试和调整，以适应新的市场环境。

3.1.3.2　内容质量的提升

　　在当今短视频平台的竞争激烈环境中，提升内容质量已经成为吸引和保持观众的关键策略。为了实现这一目标，创作者和运营团队需要关注几个核心方面，并采取相应的措施来提高内容的吸引力和价值。

　　原创性和创意是提升内容质量的基石。独特而新颖的内容能够立即吸引观众的注意力，并使作品脱颖而出。创作者应努力挖掘新的创意，探索未被充分覆盖的主题，避免模仿或重复他人的内容，不仅能够维护原创性，还能够建立创作者的独特品牌和声音。

内容的实用性是观众评估其价值的重要因素。提供有价值的信息、解决方案或娱乐内容,可以增加观众的参与度和忠诚度。无论是教育性内容、生活小窍门还是专业知识分享,实用性都能够帮助观众解决实际问题,从而提升内容的吸引力。

视频制作质量也是不可忽视的方面。高清晰度的画面、清晰的音频和专业的剪辑都能显著提升内容的观赏性。投资于好的设备和后期制作软件,或者学习相关的技能,不仅可以提高视频的整体制作质量,还能够给观众留下专业和认真的印象。

情感共鸣是另一个衡量内容质量的重要标准。内容能否触动观众的情感,引起共鸣,是决定其成功与否的关键。通过讲故事、使用幽默或者呈现真实的情感体验,内容可以与观众建立更深层次的联系,从而提高其吸引力和传播力。

参与度的提升也是提升内容质量的重要途径。鼓励观众参与和互动,如提问、评论或分享,不仅可以增加内容的活跃度,还能够增强观众的参与感。设计互动元素,如调查问卷或挑战活动,可以提高观众的参与度,并促进社区的建设。

搜索引擎优化(SEO)对于提升内容质量也至关重要。虽然短视频平台依赖于推荐算法,但 SEO 仍然可以提高内容的可见性。使用恰当的关键词、标题和描述,可以帮助内容在搜索引擎中获得更好的排名,从而吸引更多的观众。

数据分析是提升内容质量的另一个关键工具。定期分析内容的表现数据,如观看次数、点赞数、分享次数等,可以帮助了解哪些类型的内容更受欢迎。这些数据可以用来调整内容策略,以提高未来内容的质量。通过深入分析观众的行为和偏好,创作者可以更好地理解他们的需求,并据此改进内容。

建立一个有效的反馈机制是提升内容质量的重要环节。观众的反馈是宝贵的资源,可以帮助创作者及时了解观众的需求和偏好。通过评论、消息和社交媒体互动,创作者可以获得直接的反馈,并据此改进内容。这不仅有助于提升内容的质量和针对性,还能够建立起与观众之间的信任和关系。

提升内容质量是一个持续的过程,需要创作者不断学习、实践和适应。通过注重原创性、实用性、制作质量和情感共鸣,以及利用 SEO 优化和数据分析,创作者可以不断提升内容的整体质量,吸引和保持更多的观众。同时,建立一个有效的反馈机制,可以帮助创作者及时了解观众的需求和偏好,从而更好地满足他们的期望。随着市场的不断变化和观众需求的演进,提升内容质量的策略也需要不断地进行调整和优化。

3.1.3.3　互动元素的增加

在当今短视频平台的内容创作和运营中,增加互动元素已经成为一种重要的策略,旨在提高观众的参与度和构建社区感。互动元素能够激发观众的积极参与,从而增强他们对内容的记忆和忠诚度。

首先,评论互动是增加观众参与度的直接方式。创作者可以通过在视频下方留言,提出问题、征求观众的意见或鼓励他们分享个人经验,从而激发讨论。积极回复评论并与观众进行互动,甚至将观众的评论或问题整合到后续的视频内容中,可以建立更强的观众连接。

其次,投票和调查是一种让观众参与内容创作的有效手段。通过使用短视频平台的投票功能或链接到在线调查,可以让观众参与到决策过程中,如选择下一个视频的主题或提供对内容的反馈(见图3-10)。这种参与感不仅能够提升观众的活跃度,还能够为创作者提供宝贵的观众洞察。

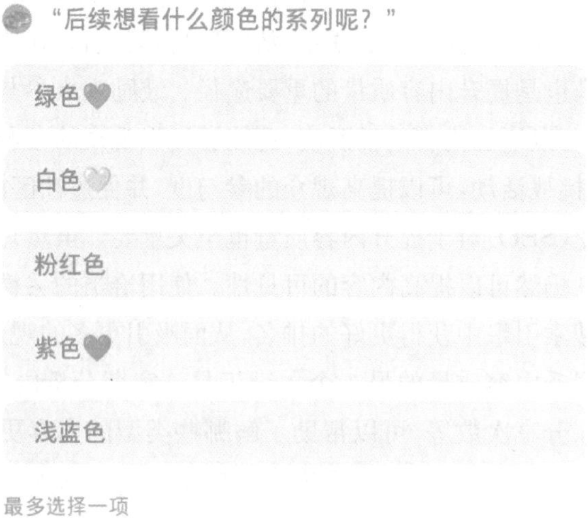

"后续想看什么颜色的系列呢?"

绿色

白色

粉红色

紫色

浅蓝色

最多选择一项

图 3-10

第三,挑战和标签是吸引观众参与的另一种流行方式。创建或参与热门挑战(见图3-11),并使用相关标签,可以显著增加视频的曝光率。挑战通常具有高度的参与性和传播性,能够吸引观众参与并分享自己的内容,从而形成一种社区效应。

第四,直播互动是一种强有力的实时连接工具。通过直播,创作者可以与观众进行实时交流,举行问答、游戏、抽奖等活动,进一步提升互动性。直播不仅可以增加观众的参与度,还能够提供即时反馈和更深层次的个人连接。

图 3-11

用户生成内容(UGC)是另一种鼓励观众参与的策略。鼓励观众创作与主题相关的内容,并通过特定标签分享,不仅可以增加观众的参与度,还能够扩大内容的影响力。这种方法利用了观众的创造力,同时也为其他观众提供了更多的相关内容。

故事讲述是利用短视频平台的"故事"功能,与观众分享日常或幕后内容,创造更加亲密和个人化的连接。故事可以包括问题箱、日常挑战或生活小窍门,鼓励观众参与和分享。这种形式的内容通常更加轻松和非正式,能够促进更真实和亲密的互动。

赠品和抽奖是另一种提升参与度的有效手段。提供有吸引力的赠品或抽奖活动,可以显著提高观众的参与度。确保活动规则简单明了,并且符合平台的规定和标准,以便观众能够轻松参与并分享活动。

互动式内容创作本身具有互动性的内容,如解谜游戏、选择题形式的视频或互动式教程,可以让观众在观看的同时参与其中。这种类型的内容通常更具吸引力,因为它们要求观众积极参与以完成内容体验。

最后,社交媒体互动也是不可忽视的一部分。虽然短视频平台是主要的内容发布渠道,但社交媒体也是重要的互动平台。在社交媒体上与观众互动,如分享观众的评论或内容,可以增加跨平台的参与度。

通过实施这些策略,创作者和运营团队可以有效地增加互动元素,提升观众的参与度和忠诚度。重要的是要确保互动元素与内容主题和目标观众相关联,并且能够引发观众的兴趣和参与。同时,监测和分析互动活动的效果,可以帮助了解哪些策略最有效,并指导未来的互动设计。随着观众行为的不断变化和技术的发展,互动元素的形式和策略也应不断创新和适应,以保持内容的新鲜感和吸引力。

3.1.3.4 A/B 测试的应用

A/B测试(见图 3-12)在短视频平台的内容创作和运营中是一种极为重要的数据驱动方法,它被广泛用于评估不同方案的效果,帮助创作者和运营团队优化策略并提升性能。通过对比两个或多个版本的变量对目标指标的影响,A/B 测试可以系统地识别出哪些变化能够带来改进,从而引导决策过程。

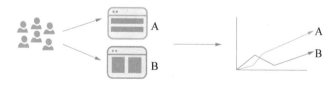

图 3-12

在短视频平台上,A/B 测试的应用非常广泛。首先,它可以用于界面设计的优化。例如,通过对比新用户界面与旧界面,可以观察哪个版本能带来更高的用户参与度和满意度。其次,内容策略的调整也可以借助 A/B 测试来执行。变更视频缩略图、标题或描述,并通过测试确定哪些变化能提高点击率和观看时长。此外,推荐算法的改进也是 A/B 测试的重要应用领域。通过测试不同的推荐算法,可以了解哪些算法能更有效地增加用户观看时间和提高用户黏性。

广告和营销策略的制定也常常依赖于 A/B 测试。通过对比不同的广告副本或推广方式，可以确定最有效的获客手段或提高收入的方法。技术上的改进，如流媒体算法、编解码器等，同样需要经过 A/B 测试的验证，以确保这些基础设施的变化对用户体验有正面影响。

进行 A/B 测试的过程通常包括几个关键步骤。首先，需要明确定义要通过测试改善的关键业绩指标(KPIs)，这些可能包括点击率、转化率、用户停留时间等。其次，将目标受众随机分成两个或多个组，确保测试的公正性和准确性。再次，创建需要测试的元素的不同版本，其中 A 版本(控制组)保持现状，而 B 版本(实验组)包含要测试的改变。在实验运行期间，同时对不同分组的受众展示不同版本的元素，并收集数据。最后，通过统计分析方法比较不同版本对目标指标的影响，以确定哪一版本表现更佳。如果测试结果表明 B 版本优于 A 版本，那么可以将 B 版本推广到所有用户。

通过上述方法，A/B 测试能够帮助内容创作者和运营团队有效量化每个改变带来的效果，并基于数据做出明智的选择。这不仅有助于提升用户体验，还能促进产品或内容的持续迭代和优化。它是一个灵活的工具，可以根据不同的测试目标和用户需求进行调整，为短视频平台上的内容创作和运营提供科学的支持。随着数据分析技术的不断进步，A/B 测试在短视频平台的应用将变得更加广泛和深入，帮助创作者和运营团队在激烈的市场竞争中保持领先。

A/B 测试是短视频平台内容创作和运营中不可或缺的一部分。通过对比不同的方案，A/B 测试提供了一种科学的方法来评估和优化内容策略、界面设计、推荐算法、广告和营销策略以及技术改进。这有助于确保任何推出的变化都是基于数据分析的结果，从而提高用户体验和满足业务目标。

3.2 观众行为分析与反馈

3.2.1 用户观看行为分析

3.2.1.1 观看路径的分析

观看路径分析在短视频平台的内容创作和运营中扮演着至关重要的角色。它通过详细追踪用户从进入平台开始，直至观看特定视频内容的过程，帮助创作者和运营团队深入理解用户发现和消费内容的途径。这种分析可以揭示诸如搜索、推荐、社交分享或其他途径等不同渠道对于引导用户观看行为的相对效果，从而为内容推广策略和推荐算法的优化提供指导。

为了全面理解用户的观看路径,分析工作通常涵盖以下几个关键步骤:

(1)入口来源:这是分析的起点,关注用户是如何首次访问短视频平台的。用户可能通过直接访问、社交媒体链接、搜索引擎推荐或其他网站的引导进入平台。了解这些入口来源有助于评估不同营销渠道的效果,并指导未来引流策略的调整。

(2)导航行为:这一步骤观察用户在平台上的浏览习惯,包括他们如何浏览和选择视频,以及如何使用搜索和筛选功能。通过分析这些行为,平台可以发现导航流程中可能存在的痛点,从而优化用户界面设计,提升用户体验。

(3)内容消费:此环节分析用户选择观看哪些类型的内容,他们的观看时长,以及是否完整地观看了视频。这些信息可以帮助内容创作者了解哪些内容最受欢迎,并指导他们制作更加贴合用户兴趣的视频。同时,这些数据也能为推荐算法提供重要参考,以实现更精准的个性化推荐。

(4)互动行为:分析用户在观看过程中的互动行为,如点赞、评论、分享或保存视频,这些行为反映了内容的受欢迎程度和用户的参与度。平台可以通过鼓励这些互动来增加用户黏性,提高内容的传播力,进而构建活跃的社区氛围。

(5)退出行为:最后,了解用户在观看完视频后的行为,比如他们是继续探索其他内容、返回上一步还是离开平台,可以帮助平台分析用户流失的原因。如果存在高跳出率,可能意味着内容不吸引人或者存在技术问题,这需要平台及时调整和优化。

通过对以上各个环节的深入分析,内容创作者和平台运营者可以获得宝贵的见解,以优化内容推荐、改进用户界面设计和提升用户体验。观看路径分析还可以帮助识别潜在的问题点,如高跳出率可能表明需要改善内容质量或解决技术问题。这样的分析对于在竞争激烈的短视频市场中保持领先地位至关重要。通过不断地分析和优化,平台能够更好地满足用户需求,提供更加个性化和吸引人的内容,增强用户黏性,并最终实现增长目标。

3.2.1.2　观看时长的重要性

观看时长在短视频平台的分析指标中占据着至关重要的地位,它不仅是衡量内容吸引力的重要参数,还是评估内容质量和用户参与度的关键因素。对内容创作者和平台运营者而言,深入理解观看时长的重要性是提升内容价值和用户体验的基础。

(1)用户参与度:观看时长直接反映了用户对视频内容的参与程度。当用户选择继续观看时,这表明内容成功吸引了他们的注意力,并在一定程度上满足了他们的需求。一般而言,较长的观看时长意味着用户参与度较高,这通常会导致更高的互动率,如点赞、评论和分享,这些行为能够进一步提高视频在平台上的影响力和传播范围。

（2）内容质量指标：观看时长是衡量内容质量的一个间接指标。如果大多数用户在视频开始阶段就退出，那么可能意味着内容未能迅速吸引观众或者与观众的兴趣不匹配。内容创作者可以利用观看时长这一指标来调整和优化他们的内容策略，以提高内容的吸引力和满足观众的期望。

（3）用户体验优化：通过分析观看时长，平台可以更好地了解用户对不同类型内容的偏好，从而提供更加个性化的视频推荐。监测平均观看时长和观看时长的分布可以帮助平台识别出那些能够持续吸引用户的内容，进而优化推荐算法，确保用户获得更加满意的观看体验。

（4）商业价值分析：观看时长对于商业运营具有重大意义，尤其是在广告收入方面。在许多短视频平台上，广告商支付的费用与用户观看广告的时长直接相关。因此，提高用户的观看时长不仅能够增加广告的曝光时间，还能提升平台的广告收入。此外，观看时长的数据还可以帮助广告商评估其广告投放的效果，以及目标受众的参与度。

（5）市场趋势预测：观看时长的变化趋势可以为平台提供市场动态的宏观视角。例如，某个类型的内容观看时长的突然增加可能预示着市场趋势的变化，或者某个社会事件的影响。平台和内容创作者可以基于这些信息及时调整内容策略，抓住市场机遇。

观看时长作为一个重要的度量标准，提供了用户行为和偏好的宝贵信息。通过对观看时长的细致分析，内容创作者和平台运营者可以洞察用户行为，优化内容和用户体验，从而在激烈的市场竞争中取得优势。因此，无论是对于内容的创作还是平台的运营，观看时长都是一个不容忽视的关键指标。

3.2.1.3 跳出率的影响

跳出率是衡量网站或平台内容表现的重要指标之一，它代表了用户在访问一个页面后离开网站而不是继续浏览其他页面的比例。这一指标对于内容创作者和平台运营者来说至关重要，因为它能够反映出用户对网站或平台的第一印象以及内容的质量。

（1）流量质量：跳出率的高低往往与进入流量的渠道有关。例如，通过广告或特定活动吸引来的流量可能具有较高的目的性，用户在获得所需信息后可能会立即离开，从而导致较高的跳出率。因此，流量来源的质量和相关性对于用户的停留时间至关重要。内容创作者和平台运营者需要关注流量的来源，并确保吸引到的是目标受众。

（2）网站性能：网页的加载速度也是影响跳出率的一个关键因素。如果网页加载缓慢，用户可能会失去耐心并选择离开，这会直接导致跳出率上升。为了降低跳出率，平台需要优化网站的技术性能，包括提高服务器响应速度和优化网页代码,以确保快速加载。

(3)内容质量:内容的质量是决定跳出率的核心因素。高质量、有价值的内容能够吸引用户停留并探索更多页面,从而降低跳出率。内容创作者应该专注于创造有深度、有吸引力且符合用户需求的内容,同时保持内容的更新频率,以维持用户的兴趣和参与度。

(4)用户体验:用户体验的好坏也会直接影响跳出率。如果用户在入口页面就能快速找到他们想要的信息,或者网站提供了良好的导航和有用的内容,那么用户就不太可能立即离开。因此,提供直观的导航、清晰的布局和响应式设计,以适应不同设备的用户,是降低跳出率的关键策略。

(5)SEO排名:跳出率还可能影响网站的搜索引擎优化(SEO)排名。虽然跳出率并不直接决定用户是否真正地在浏览页面信息,但它可以间接反映出用户对网站内容的满意度。一些研究表明,人为控制的跳出率对特定网站的搜索引擎排名有影响。因此,降低跳出率不仅有助于提升用户体验,也可能有助于提高网站在搜索引擎中的可见度。

跳出率是评估网站或平台内容表现的重要指标之一。为了降低跳出率,内容创作者和平台运营者需要关注流量质量、提升网站性能、改善用户体验,并且提供高质量的内容。通过这些措施,他们可以增加用户的停留时间,提高用户的参与度,最终实现更好的市场表现和商业成果。因此,无论是对于内容的创作还是平台的运营,跳出率都是一个不容忽视的关键指标。

3.2.1.4 重播率的价值

在短视频平台的分析和评估中,重播率是一个极其重要的指标。它不仅反映内容的持续吸引力,还是衡量用户黏性和参与度的关键因素。

(1)内容吸引力:重播率的高低直接关联到内容本身的吸引力。高重播率通常意味着内容具有强烈的吸引力,能够促使用户进行多次观看。这种内容可能包含幽默元素、启发性思考或提供了值得重复学习的信息。对内容创作者而言,高重播率往往表明他们的作品在观众中产生了良好的口碑,这有助于构建和维护一个忠实的观众基础。

(2)用户参与度:重播率也是衡量用户参与度的指标之一。当用户选择重复观看某个视频时,这表明他们愿意投入更多的时间去深入理解或享受内容。这种高度的参与行为不仅可以提高视频的综合评价,还能增强用户与平台之间的互动频率和深度。

(3)市场反馈:对平台运营者来说,重播率可以作为了解市场反馈的重要途径。通过分析哪些类型的内容拥有较高的重播率,平台可以更准确地把握用户的偏好和兴趣,进而调整推荐算法,优化内容分发,提供更加个性化且符合用户喜好的内容。

（4）潜在的商业模式：在某些商业模式中，重播率还可能直接关联到商业效益。例如，在直播电商领域，直播间的平均在线人数和重播率可能直接影响品牌的变现能力。一个高重播率的直播内容能够吸引更多的观众停留和参与，从而增加商品的销售机会和潜在收入。

重播率是短视频平台分析中不可或缺的一个关键指标。它为内容创作者和平台提供了关于内容吸引力、用户参与度和市场反馈的重要信息。通过提高重播率，创作者和平台可以提升用户体验，增强用户忠诚度，并探索新的商业机会。因此，无论是对于内容的创作还是平台的运营，重播率都是一个不容忽视的重要指标。

3.2.2 互动反馈的价值与运用

3.2.2.1 社区建设的互动

在短视频平台的发展过程中，社区建设的互动扮演着至关重要的角色。它不但是增强用户参与度和提升用户体验的有效手段，而且是构建忠诚观众群体和推动内容传播的关键策略。通过社区互动，内容创作者和平台能够与观众建立紧密的联系，形成一个积极的反馈环境，这对于促进平台的长期发展和内容的持续创新具有不可估量的价值。

（1）增强参与感：社区互动通过点赞、评论、分享等形式，让用户参与到内容的讨论和传播中，增强了用户的参与感和归属感。这种参与不仅能够提升用户的满意度，还能激励用户产生更多原创内容，为社区贡献价值。例如，用户可以在评论区分享自己的观点和感受，或者通过转发功能推荐给朋友，这些互动行为都是用户对内容的认可和支持的体现。

（2）构建观众群体：通过社区互动，内容创作者可以建立起一个忠实的观众群体。这些观众不仅是内容的消费者，也是内容的推广者。他们的互动行为有助于扩大内容的影响力，吸引更多新用户加入社区。例如，一些观众可能会因为某个视频而在平台上关注创作者，成为其忠实粉丝；另一些观众则可能会通过社交媒体等渠道分享视频，帮助创作者扩大知名度。

（3）收集反馈：社区互动是收集用户反馈的重要途径。用户的评论和讨论可以为内容创作者提供宝贵的意见，帮助他们了解观众的需求和偏好，从而优化后续内容的创作。例如，如果创作者发布某个视频收到了大量关于某个话题的评论或提问，创作者可以针对该话题制作新的视频来回应观众的关注点；同时，通过分析评论的情感倾向和关键词等数据，也可以了解哪些内容更受欢迎或者是需要改进的地方。

（4）促进内容优化：社区互动还可以作为内容优化的工具。通过分析用户互动的数据，如评论的情感倾向、点赞和分享的数量等指标，内容创作者可以评估哪些内容更受欢迎以及哪些是需要改进的地方。这可以帮助他们优化现有内容并制定更有效的内容策略以适应市场的变化和竞争的压力。

（5）激发创新：社区中的互动讨论往往能激发新的创意和想法。用户之间的交流可能会产生有趣的话题或独特的视角，为内容创作者提供灵感，推动内容的创新和发展。例如，一些用户可能会提出一些新颖的想法或者建议一些有趣的主题，这些创意和想法可能被创作者采纳并融入自己的作品中去，从而创造出更加独特且富有创意的作品。

社区建设的互动对于短视频平台和内容创作者来说具有极高的价值。它不仅能够增强用户的参与感和忠诚度还能够通过收集反馈和促进内容优化来提升整体的用户体验。因此，积极促进社区互动来构建健康的观众群体对于平台的长期发展和内容创作者的成功至关重要。

3.2.2.2 内容质量的提升

内容质量的提升是短视频平台和内容创作者不断追求的目标，因为它直接关系到用户参与度、观众满意度以及平台的长期发展。在社区互动的背景下，内容质量的提升不仅依赖于创作者的原创能力和创新精神，还得益于社区反馈的宝贵信息和用户的积极参与。

（1）利用社区反馈：社区互动提供的反馈是提升内容质量的关键。通过分析用户评论、点赞、分享等行为，创作者可以了解哪些内容受欢迎，哪些地方需要改进。这种直接的用户反馈比任何市场调研都更加精准，因为它来自真实观众的真实体验。

（2）优化内容策略：基于社区互动的数据，内容创作者可以调整他们的内容策略，比如改变视频的主题、风格或长度，以更好地迎合观众的喜好。例如，如果某个视频的观看时长普遍较短，可能意味着需要在开头就吸引观众；如果某个话题引发了热烈讨论，那么这个话题可能值得进一步探索和扩展。

（3）提高制作质量：随着用户对视频质量要求的提高，提升制作质量成为必然趋势。这包括使用更高质量的摄影设备、提高剪辑技巧、使用更加专业的后期处理技术等。高质量的制作不仅能提升观众的观看体验，还能提高内容的专业性和可信度。

（4）增强个性化和差异化：在海量内容的竞争中，个性化和差异化是内容脱颖而出的关键。社区互动可以帮助创作者了解观众的独特需求和偏好，从而创作出具有个性和差异化的内容。这种内容更能吸引忠实粉丝，建立独特的品牌形象。

（5）鼓励用户生成内容（UGC）：社区互动还可以激发用户生成自己的内容。一些平台通过挑战、活动等形式鼓励用户参与创作，这些用户创作的内容不仅丰富了平台的内容库，也为其他用户提供了新鲜感和参与感，进一步提升了整个社区的活跃度和黏性。

社区互动对于内容质量的提升起到了至关重要的作用。它不仅为内容创作者提供了宝贵的反馈信息，帮助他们优化内容策略和提高制作质量，还促进了个性化和差异化内容的产出，最终提升了用户体验和平台的整体价值。因此，内容创作者和平台都应该重视社区互动，将其作为提升内容质量的重要资源。

3.2.2.3 趋势识别的能力

在短视频平台和内容创作领域，趋势识别的能力是一个宝贵的资产。它不仅可以帮助内容创作者把握时机，制作出符合市场潮流的内容，还能让平台运营者预见行业发展，从而制定有效的策略和决策。社区互动在这个过程中扮演着至关重要的角色，因为它是捕捉和分析趋势的直接来源。

（1）社区互动的实时性：社区互动可以提供实时的用户反馈。通过对这些实时数据的监测和分析，内容创作者和平台可以迅速识别出正在兴起的趋势。例如，某个话题或标签突然在评论和讨论中频繁出现，可能预示着一个新的趋势正在形成。

（2）用户行为的分析：社区互动的数据，如点赞、分享、评论等，可以通过数据分析工具进行深入挖掘。这些分析可以揭示用户的兴趣变化和行为模式，帮助预测未来的热门内容。例如，通过分析分享和转发的模式，可以发现哪些类型的内容更容易成为病毒式传播。

（3）话题追踪和预测：社区中的热门话题和讨论往往是趋势形成的前兆。通过监控和分析这些话题的热度和持续时间，可以预测哪些主题可能会成为主流。这种预测能力使得内容创作者能够提前准备和制作相关内容，从而抓住趋势的先机。

（4）竞争对手的观察：社区互动也是观察竞争对手表现的窗口。通过分析竞争对手的视频和用户互动情况，可以了解竞争对手的成功之处以及观众的反应，从而有助于调整自己的内容策略，以保持竞争力。

（5）反馈循环的建立：社区互动还能够帮助建立有效的反馈循环。内容创作者可以根据社区反馈调整内容，然后再次发布，观察观众的反应。这个循环不仅可以提升内容质量，还可以帮助创作者更好地理解趋势的发展。

趋势识别的能力对于内容创作者和平台运营者来说至关重要。社区互动作为获取用户反馈和市场信息的重要渠道，提供丰富的数据资源，帮助识别和预测趋势。通过有效地利用社区互动，内容创作者和平台可以更好地把握市场脉搏，制作出符合用户需求和喜好的内容，从而在竞争激烈的短视频市场中保持领先地位。

3.3　内容迭代策略

3.3.1　版本控制与更新频率

3.3.1.1　连贯性的重要性

在内容迭代的过程中,保持内容的连贯性至关重要。连贯性确保了品牌识别度的一致性和用户期望的稳定,有助于构建用户对品牌的信任和忠诚度。为了实现有效的版本控制与确定适宜的更新频率,以下是一些关键点:

(1) 品牌一致性:无论是视觉元素还是内容风格,保持一致性可以加强用户对品牌的记忆。在每次迭代中,应确保新内容与品牌的核心价值观和形象相符。

(2) 用户期望管理:用户对于内容更新有一定的期望。频繁且无预警的大幅变动可能会造成用户的困惑甚至流失。适时适度的更新能够帮助用户适应变化,同时维持兴趣和参与度。

(3) 质量控制:在快速迭代的环境中,维护内容的质量至关重要。确保每次发布的内容都经过彻底检查和优化,避免质量问题损害品牌的声誉。

(4) 反馈利用:收集和分析用户反馈是内容迭代的重要环节。用户的反馈可以提供宝贵的洞见,指导未来版本的改进方向。

(5) 市场适应性:随着市场和技术的变化,内容需要不断调整以保持竞争力。然而,任何改变都需要平衡创新性和用户接受度。

(6) 更新频率的决定:更新频率应该由内容的消耗速度、用户参与数据以及市场竞争状况等因素来决定。过于频繁的更新可能会导致用户疲劳,更新太慢则可能使内容失去新鲜感和相关性。

通过实施这些策略,我们可以确保在迭代过程既保持了足够的动态性来吸引和保留用户,又能够维系品牌的整体一致性和质量标准。

3.3.1.2　市场变化的适应性

面对市场的快速变化,我们需要展现出足够的适应性,以确保我们的内容保持新鲜感和相关性。作为内容迭代策略的一部分,可以采取以下关键措施来适应市场变化:

(1) 趋势分析:定期分析和预测市场趋势,包括流行的主题、话题和格式。利用数据分析工具可以帮助我们捕捉到这些趋势,并快速响应。

（2）灵活性：保持内容策略灵活，以便快速响应市场的变化。这可能意味着调整我们的发布时间、风格或主题，以更好地适应观众的当前兴趣。

（3）实验性：不害怕尝试新的内容形式或创意。通过实验，我们可以发现哪些新的趋势或方法最适合我们的观众，并创造新的观看体验。

（4）反馈循环：建立一个有效的反馈机制，以便收集观众对我们的新内容或策略的看法。这可以通过社交媒体、评论分析或直接的用户调研来实现，从而不断优化我们的内容。

（5）持续学习：行业不断发展，新的技术和平台功能不断出现。保持学习状态，确保我们的内容策略能够利用最新的工具和功能，保持前沿性。

（6）竞品监控：关注竞争对手的内容和策略，了解他们的成功之处和潜在的不足，从中吸取教训并改进我们的方法。

通过这些方法，我们可以确保我们的内容不仅保持连贯性和高质量的标准，还能灵活地适应市场的变化。这种适应性是长期成功的关键，因为它允许我们在不断变化的环境中保持相关性和吸引力。结合连贯性和适应性，可以确保我们的作品不仅吸引现有观众，也能吸引新的观众，从而在激烈的市场竞争中保持领先地位。

3.3.1.3 避免疲劳的策略

作为内容创作者，我们知道持续的输出和高强度的工作容易引发创意疲劳和烧尽感。为了避免这种情况，保持我们的创作热情和活力，可以采取以下策略：

（1）制定内容日历：通过计划内容发布日程，我们可以确保有足够的时间来创作每个视频，同时留出休息和恢复的时间。

（2）多样化内容和格式：可以尝试不同的内容类型和视频格式，以保持我们的创意新鲜感，并吸引不同类型的观众。

（3）鼓励团队协作：倡导团队合作，让每个人都有机会贡献想法和参与创作过程，这样可以分担压力并激发新的创意。

（4）定期评估和调整：定期检视我们的内容策略和工作流程，寻找效率提升和改善的机会，以避免重复劳力和减少不必要的工作负担。

（5）注重个人成长：鼓励团队成员追求个人兴趣和专业发展，这不仅可以提高工作满足感，还能为团队带来新的视角和能力。

（6）充分休息与放松：重视工作与生活的平衡，确保团队有足够的时间进行休息和充电，这对于维持长期的创作能量至关重要。

通过这些策略的实施，我们不仅能够避免过度疲劳，还能保持创作的激情和动力，从而在长期内保持内容的质量和创新力。

3.3.2　迭代过程中的质量控制

3.3.2.1　质量标准的设定

在内容迭代的过程中,维护高标准的质量对于确保观众持续回归和推荐我们的内容至关重要。为了实现这一目标,必须首先设定明确且可操作的质量标准。以下是如何进行质量标准设定的具体策略:

(1)明确质量指标:首先定义构成高质量内容的关键因素。这可能包括视频的画质、音频清晰度、内容的创意度、信息的准确性以及观众的参与度等。对这些元素,我们设定具体可衡量的目标,如视频分辨率不低于 1 080 p,音频无明显杂音,内容需原创且具有创新性,信息准确无误,以及旨在达到特定的观众留存率或互动率。

(2)观众反馈:观众的声音是评估内容质量的重要参考。通过社交媒体、评论区和问卷调查等方式收集观众的直接反馈,我们可以了解他们的真实感受和需求,并据此对内容进行细致的调整和优化。

(3)行业标准:除了内部标准,我们也要关注同行业内其他创作者的表现和行业普遍认可的标准。力求确保我们的内容质量至少与竞争对手持平,或在某些关键方面有所超越,以保持竞争力。

(4)内部审查:建立严格的团队内部审查流程,确保发布的每个内容都经过多层次的检查和校对。这包括剧本的审核、视频编辑的前后期对比、视觉效果的一致性检查,以及最终产品的质量保证。鼓励团队成员相互评审,以提高内容的完整性和质量。

(5)持续改进:随着观众口味的变化和技术的进步,我们的高质量标准也需要适时进行调整。要定期回顾和更新我们的质量标准,以确保它们与时俱进。

(6)培训与发展:投资于团队成员的培训和个人发展是至关重要的。我们要确保每位团队成员都具备制作高质量内容所需的技能和知识,并鼓励他们学习最新的行业趋势和技术。

(7)利用数据:数据分析帮助我们量化内容的表现,并提供客观的质量评估。观看时长、点击率、分享次数等数据,都是我们评估内容质量的重要指标。通过这些数据,我们可以更好地理解哪些内容更受欢迎,哪些需要改进。

将这些策略综合起来,能够确保即使在快速迭代的环境中,也能保持内容的高质量水准,并不断优化我们的生产流程。这不仅有助于提升观众满意度,也能增强品牌的声誉和市场竞争力。

3.3.2.2　测试与反馈的过程

在内容迭代过程中,测试和反馈阶段是至关重要的,它可以帮助我们评估内容的实际表现,并提供了改进的机会。以下是如何进行测试和收集反馈的策略:

(1) 内部测试:在发布内容之前,可以进行一系列的内部测试,包括团队成员之间的互相审查、编辑团队的质量检查,以及小范围的内部观众测试。这有助于我们发现潜在的问题,并在内容公开发布前进行修正。

(2) 样本群体测试:可以使用小规模的样本群体来测试新内容。这个群体可以是我们的核心粉丝、社交媒体活跃用户或者是通过特定渠道邀请的参与者。他们的反馈能够帮助我们了解内容在实际观众中的表现。

(3) 数据监控:一旦内容发布,我们要立即开始监控关键数据指标,如观看次数、观看时长、点赞/不喜欢比例、评论数量和分享次数等。这些数据为我们提供了观众行为的实时信息,帮助我们评估内容的成功程度。

(4) 直接反馈收集:我们可以鼓励观众在视频下留言,并通过问卷调查、电子邮件或社交媒体私信来直接收集观众的反馈。要重视每一条反馈,无论积极还是消极,都是改进的宝贵资源。

(5) 分析反馈趋势:我们不仅要关注个别反馈,还要会分析反馈趋势。这可能涉及对某一类内容的普遍反应,或是对特定主题的普遍观点。趋势分析能够帮助我们更好地理解观众的需求和偏好。

(6) 互动管理:要积极管理与观众的互动,及时回应问题和评论,这不仅能够增加观众的满意度,还能激励他们提供更多的反馈。

(7) 持续迭代:根据收到的反馈,我们要不断进行调整和优化。无论是调整内容的方向、改善制作质量,还是修正发布的策略,我们都致力于从每一次发布中学习和成长。

通过这一连贯的测试与反馈过程,我们能够更加精准地把握内容的效果,并快速适应观众的需求。这不仅提高了内容的质量和观众的参与度,也加强了我们作为创作者与观众之间的联系。

3.3.2.3　持续改进的方法

作为团队的一部分,我们要确保我们的内容策略和质量始终处于最佳状态,而这需要所有人共同努力和持续改进。以下是我们可以一起采取的一些关键方法:

(1) 定期回顾会议:我们要确保在日程中安排时间来开展定期的回顾会议。在这些会议中,我们要集体分析过去内容的表现,查看关键数据指标和收集到的观众反馈。

(2) 设定目标:基于回顾会议的成果,我们要为下一阶段的内容制作设定具体的目标。这些目标可能包括提高观看时长、增加互动率、提升内容分享量或探索新的内容类型和格式。

（3）鼓励创新：要不断尝试新的想法和技术。我们要鼓励每位成员提出新的视频编辑技巧、叙事方式，或者探索新的社交媒体渠道。

（4）持续学习：要投资于自己的教育和培训。这可能意味着参加行业会议、在线课程或工作坊，以确保我们每个人都掌握最新的知识和技能。

（5）优化流程：要持续审视并优化我们的工作流程。这意味着简化操作步骤、消除不必要的任务，并引入高效的工具和技术，以减少浪费时间和资源。

（6）建立质量控制系统：要建立和维护一个全面的质量控制系统，包括定期的自我检查、互相审核和第三方评估，以确保我们的内容始终保持最高的标准。

（7）保持开放心态：要在整个团队中培养开放的心态。鼓励每个成员提出意见和建议，对任何想法持开放态度，并从失败中学习。

（8）建立反馈循环：我们要建立一个有效的反馈循环机制，确保我们从每个阶段和每件作品中获得的学习能够被记录和应用到未来的工作中。

通过将这些方法融入我们的日常工作，我们能够确保我们的内容质量和创意始终保持在行业前沿，并且不断地满足和超越观众的期望。

课后习题

1. 内容优化的策略具体有哪些？
2. 简述连贯性的重要性。
3. 简述测试与反馈的过程。

第四章　用户增长与互动

在当今数字时代,用户增长和互动已经成为衡量企业或品牌成功的至关重要因素。无论是初创公司还是成熟企业,都面临如何有效扩大用户基础、提升用户参与度和互动的挑战。本章将深入探讨用户增长与互动这一主题,提供全面的策略和技巧,以帮助实现粉丝数量的增长以及与用户之间的深度互动。

4.1　粉丝增长策略

4.1.1　有效增粉途径分析

4.1.1.1　内容创作与分享

在数字媒体时代,内容创作与分享是粉丝增长的核心。制定有效的内容策略并进行精准的内容分享,可以显著提高品牌影响力和粉丝基础。

挖掘热门话题是吸引粉丝的关键。利用社交媒体趋势、搜索引擎热词和行业动态来挖掘受众感兴趣的热门话题,将这些话题融合到内容中,可以提升内容的相关性和及时性,吸引潜在粉丝的注意。

优化内容质量是赢得粉丝忠诚的关键。无论是精心制作的视觉作品、深度撰写的文章还是高品质的视频制作,都必须确保内容具有吸引力、教育性和娱乐性,满足不同粉丝的需求。

此外,跨平台共享是触及更广泛的受众群体的有效方式。内容需要在不同的社交媒体平台上进行优化和分发,每个平台都有其特定的受众和内容偏好,因此需要策略性地调整内容格式和风格以适应各个平台。

互动式内容也是提高参与度的重要手段。通过设计互动元素,如设置互动的问答环节、投票、挑战赛以及有奖竞赛等,可以激发观众的参与感,促使他们与他人分享,从而增加内容的传播力。

定期发布是建立观众对品牌更新的期望的有效方式。制定并遵守一致的内容发布计划,可以帮助建立观众对品牌更新的期望。定期更新内容不仅能够使粉丝保持兴趣,并且有助于吸引新的观众,提高品牌在社交平台上的活跃度。

利用影响力者是扩大影响力的有效途径。与行业内有影响力的人物合作,可以借助他们的声望和已有的粉丝基础来推广自己的内容。这种合作不仅能提高品牌的可信度,还能打开通向新粉丝群体的大门。

SEO优化是提高内容在搜索结果中的排名的重要手段。所有发布的内容都应进行搜索引擎优化,通过优化关键词、创建高质量的后链和提高网站的用户体验,可以吸引更多潜在的粉丝通过搜索引擎找到你的内容。

数据分析是理解粉丝行为和优化内容策略的重要工具。持续收集和分析内容的表现数据,使用各种分析工具来跟踪关键指标,并根据这些数据进行有针对性的调整。

社群建设是增强粉丝忠诚度和参与度的有效方式。通过创建专门的讨论组、论坛或其他社交群组,可以促进粉丝之间的交流,增强他们对品牌的忠诚度和参与度。

总的来说,通过深入挖掘目标受众的兴趣点、创造高质量的内容、积极利用多平台传播的机会,并且不断优化互动和参与策略,内容创作者可以建立起一套有效的粉丝增长机制。这不但可以有效地吸引新粉丝,而且能强化现有粉丝的忠诚度,从而实现持续的粉丝增长和品牌影响力的提升。

4.1.1.2 合作互推策略

在社交媒体和内容创作的世界中,合作互推策略是扩大影响力和增加粉丝数量的一种有效方式。通过与其他创作者或品牌的合作,可以互相借力提高知名度和吸引对方的粉丝群体。

寻找合作伙伴是实施合作互推策略的第一步。选择与你的品牌形象、目标受众和内容主题相契合的合作伙伴,这些可以是同行中的其他创作者、行业内的知名品牌或拥有相似粉丝基础的影响者。

制定互惠计划是确保合作成功的关键。确定双方都可以从中受益的合作模式,这可能包括共享对方的社交媒体帖子、互相出现在各自的视频或播客节目中,或者联合制作内容项目。

内容共同创作是吸引粉丝的重要手段。与合作伙伴一起创作独特的内容,如联合视频、博文或研究报告,这样的内容通常会吸引两个团队的粉丝,因为它提供了双方不同的视角和专长。

跨平台推广也是提高曝光度的有效方式。在合作期间,双方应交叉推广彼此的内容,利用各自的社交媒体通道和其他传播途径来增加曝光度。

跟踪和分析影响是评估合作效果的重要环节。使用追踪链接、专属的促销代码或分析工具来监测合作带来的流量和粉丝增长,评估每次合作的效果以优化未来的策略。

持续关系建设是保持合作持久性的关键。与合作伙伴保持长期的关系,定期交流和分享成功案例,这样可以在未来为双方创造更多合作机会。

透明度和诚实是建立信任的基础。在推广时要诚实地告知观众这是一次合作的推广,保持对粉丝的透明度,这样可以建立信任并维护良好的品牌形象。

创新的合作形式是吸引新的关注的手段。不断探索新的合作形式,如在线研讨会、联合直播、赞助活动或慈善项目,这些都可以为两边带来新的互动和关注。

合同和协议是保障双方权益的重要手段。为了保障双方的权益,确保所有合作细节都有书面协议或合同来规范责任、收益分配和期望结果。

通过这种合作互推的策略,创作者和品牌可以相互支持,将彼此的粉丝基础和资源整合起来,实现共赢的局面。最终,这不仅有助于增加粉丝数量,同时也丰富了内容,并增强了品牌的市场竞争力。

4.1.1.3 社交媒体广告投放

社交媒体广告投放是当今数字营销领域的一个重要组成部分,特别是在粉丝增长策略中扮演着至关重要的角色。随着社交媒体使用率的日益攀升,利用这些平台进行精准的广告投放已成为提高品牌认知度和吸引潜在粉丝的主要途径之一。

首先,深入理解目标受众是实施有效广告策略的基础。通过市场调研和社交媒体平台的分析工具深入了解目标受众的心理和行为,包括分析用户的兴趣、消费习惯、所使用的社交媒体平台以及他们的在线行为模式。

其次,选择合适的平台和格式对于提高广告效果至关重要。根据目标受众的偏好选择最合适的广告平台,并确定最适合的广告格式,如图像、视频、轮播、故事等。

设定明确的广告目标是制定广告内容和优化策略的关键。明确广告目标是增加品牌知名度、推广特定内容、鼓励应用下载还是促进销售转化等。

创意优化与个性化能够提升广告的吸引力。创建具有吸引力和相关性的广告内容,同时加入个性化元素以更好地与目标受众建立联系。使用高质量的视觉元素和引人入胜的文案来提高点击率。

利用高级定位选项(见图4-1)可以提高广告的精准度。利用社交媒体平台的高级定位功能,如兴趣定位、人口统计定位、行为定位以及地理位置定位,确保广告只展示给最有可能成为粉丝的用户。

图 4 - 1

优化投放时间和频率有助于提高广告效果。通过分析用户在社交媒体上的活跃时间来决定最佳的广告投放时段(见图 4 - 2),并调整广告频率,以避免过度曝光导致的用户疲劳。

图 4 - 2

多层次的测试和学习能够不断优化广告策略。实施多层次的 A/B 测试,不仅测试不同的广告元素,也测试不同的营销信息和优惠策略,从每次测试中学习并不断优化你的广告策略。

结果跟踪与分析是评估广告效果的重要手段。通过设置追踪工具,可以监控用户的行为和广告的绩效(见图 4 - 3),了解用户的点击路径、停留时间以及哪些内容最终驱动了转化。

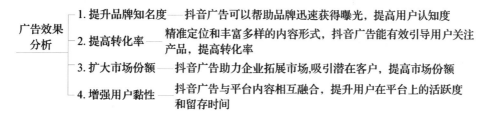

图 4 - 3

预算灵活分配能够提高广告投放的效率。根据广告的表现来灵活调整预算分配,将更多的资源投入表现最好的广告上(见图4-4),同时减少或停止效果不明显的广告支出。

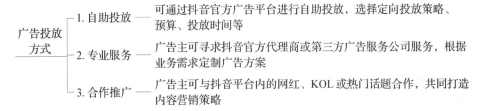

图4-4

结合有机内容和付费推广能够实现更大的覆盖范围和参与度。例如,在推广活动时,可以支付一部分预算用于广告投放,同时鼓励满意的用户分享他们的有机内容。

多渠道策略能够扩大广告的覆盖范围。不要仅限于一个社交平台,采用多渠道策略,在不同的平台上发布针对不同用户群体的定制化广告内容。

法律合规性是广告投放的基本要求。确保所有广告内容都符合当地法律法规要求,特别是数据保护和隐私政策方面的规定。

通过以上策略,社交媒体广告投放可以有效地帮助品牌在目标市场中建立声誉,拓展新的粉丝群体,并增强与现有粉丝的互动。正确的方法和实时的结果跟踪及调整,将有助于提升广告投放的性价比,加速实现粉丝数量的增长目标。

4.1.1.4 搜索引擎优化

在构建粉丝群体的过程中,除了直接的社交媒体营销活动,搜索引擎优化(SEO)同样扮演着至关重要的角色。通过提高内容在搜索引擎中的排名,可以吸引那些正在主动寻找相关内容的潜在粉丝。

关键词研究是基础。了解目标粉丝群体常用的搜索词汇,并围绕这些关键词来创造有价值的内容。使用工具来深入研究,找出高搜索量且竞争相对较低的关键词。

生产高质量的内容是吸引和保留粉丝的核心。确保内容不但对用户有价值,而且具备必要的SEO元素,如合理布局的关键词、吸引人的标题和描述。

网站SEO优化也不可忽视。优化网站结构和性能,确保快速的加载速度和良好的用户体验。使用网站适配移动设备,并确保所有页面都能被搜索引擎轻松抓取。

内链与外链建设是提高网站权威性的关键。建立内部链接策略,帮助搜索引擎更好地理解网站结构。同时,获取其他网站的反向链接(外链),提高网站的权威性和信任度。

　　内容推广能够增加内容的可见性。利用社交媒体和其他平台推广内容,吸引更多访问和链接,从而提升搜索引擎排名。

　　跟踪分析有助于调整策略。使用分析工具来监控网站流量和排名,了解哪些SEO策略有效,及时调整不足之处。

　　持续更新是保持网站活力的方法。搜索引擎喜欢新鲜的内容,定期发布新内容并更新旧内容以保持其相关性和准确性。

　　用户体验优化能够提升网站的可访问性和易用性。一个以用户体验为中心的设计可以极大地提升网站的可访问性和易用性。确保网站的设计直观、导航清晰,并提供无缝的移动端体验。这有助于降低跳出率并提高用户在网站上的停留时间,这两个因素都会影响SEO排名。

　　本地化SEO对特定地理位置的目标受众至关重要。通过在本地业务列表中保持一致性,将有机会在地图和本地搜索结果中排名靠前,从而吸引附近的潜在粉丝。

　　最后,利用结构化数据可以提高点击率。通过实施结构化数据标记,可以帮助搜索引擎更好地解读网站内容,并有可能在搜索结果中获得更丰富的展示形式,如丰富摘要、问答等。这不仅可以提高点击率,也有助于在搜索结果中脱颖而出。

　　通过持续优化SEO策略,并结合质量内容创作、社交媒体互动和精准的目标受众分析,不仅能在搜索引擎上获得优势,还能在竞争激烈的市场中建立起坚实的粉丝基础。

4.1.2　粉丝画像与精准营销

4.1.2.1　收集和分析粉丝数据

　　在构建和维护一个强大的粉丝基础过程中,理解粉丝群体特征是至关重要的。精确了解粉丝的特征可以帮助创作者或品牌制定更为个性化和有效的营销策略。以下是收集和分析粉丝数据的关键步骤:

　　(1)数据收集:使用各种工具和方法来收集粉丝数据,包括社交媒体平台的分析工具、网站分析工具以及CRM系统。这些工具可以帮助收集关于粉丝的基本信息,如年龄、性别、地理位置、在线行为等。

　　(2)跟踪互动:监控和记录粉丝在不同平台上的互动情况,比如点赞、评论、分享、点击行为等。掌握这些信息有助于了解粉丝的参与度和兴趣点。

　　(3)调查问卷:定期进行问卷调查可以获取更深入的粉丝信息。通过设计有针对性的问卷,可了解粉丝的喜好、生活方式、购买习惯以及对内容或产品的反馈。

　　(4)社交媒体听众分析:利用专业的社交媒体听众分析工具来深入了解粉丝

群体的特性(见图4-5)。这些工具可以提供关于粉丝兴趣、喜好以及他们所关注的话题的详细报告。

图4-5

(5) 细分市场:根据收集到的数据对粉丝进行细分,创建不同的粉丝人群。这有助于为每个细分市场定制专属的营销策略。

(6) 行为模式分析:分析粉丝的行为模式,识别其对特定类型内容的偏好,以及他们在一天中什么时间最活跃等信息。这有助于确定最佳的内容发布时间和形式。

(7) 趋势识别:通过对数据集进行长期观察,识别出粉丝行为和兴趣的变化趋势,以便于及时调整内容和营销策略。

(8) 竞争对手分析:分析竞争对手的粉丝基础,了解他们的成功案例和不足之处,从中获得灵感,并改进自己的粉丝营销策略。

(9) 个性化体验:基于收集到的数据,为粉丝提供个性化的体验,无论是通过定制化的内容还是个性化的推广信息,都能够让粉丝感到自己被重视和理解。

(10) 隐私和合规性:在处理个人数据时,始终遵守相关的隐私法规和标准。保护粉丝的隐私安全,对于建立信任和长期关系至关重要。

通过以上步骤,品牌和创作者可以得到一个清晰的粉丝画像,这将指导其进行精准营销,提升营销效果,增强粉丝的忠诚度,最终促进粉丝基础的稳定增长。结合本书的主题,我们将进一步探讨如何将粉丝数据转化为洞察力,以及如何将这些见解应用到实际的粉丝增长和品牌建设策略中。

4.1.2.2　制定个性化内容策略

个性化内容策略的核心在于深入了解粉丝的特征和需求,并据此创造出能够引起不同细分群体共鸣的内容。这样的策略旨在提升内容的相关性和吸引力,从而有效地增强用户的参与度和忠诚度。

首先,利用收集和分析得到的粉丝数据构建出详细的人群画像至关重要。这些画像应涵盖年龄、性别、兴趣点、消费习惯、行为模式等关键信息,为后续的个性化内容制作提供坚实的数据支撑。

其次,通过数据分析揭示出不同粉丝群体的具体需求和兴趣点。了解他们最关心的议题以及哪些类型的内容能激发他们的积极响应,是制定有效个性化策略的基础。

此外,根据不同的人群画像来定制内容是必不可少的步骤。例如,为热爱运动的年轻粉丝量身定做健身指导视频,或者为喜欢旅游的群体提供详尽的旅行攻略,都能显著提高内容的吸引力。

同时,品牌需要在社交媒体和其他平台上与粉丝进行个性化的交流和互动。通过使用粉丝的名字和对他们评论的个性化回复,可以有效传递出品牌对粉丝关注与关怀的信号。

另外,采用智能算法或手动筛选的方式为粉丝推荐他们可能感兴趣的内容也是个性化策略的一部分。这种推荐既可以在社交媒体上实现,也可以通过电子邮件等其他渠道完成。

为了不断优化个性化策略,实施 A/B 测试或多变量测试以确定最有效的个性化方法非常关键。根据测试结果调整和优化内容,以确保策略的有效性。

动态内容定制也是个性化策略中的一个重要环节。借助机器学习和人工智能等技术,内容可以根据用户的行为和历史数据实时个性化,如通过推荐引擎展示与用户过去行为相关的内容或产品。

在执行个性化策略的同时,尊重用户隐私也至关重要。确保遵守所有相关的数据保护法规,并透明地告知用户他们的数据如何被使用,是建立信任的基石。

即使采用个性化的内容策略,内容的多样性也不应被忽视。保持内容多样化可以避免用户感到单调和疲劳,增加内容的新鲜感。

最后,将个性化内容融入故事性的框架中,让用户不仅是内容的接收者,还能成为参与者和创造者,这能有效提高用户对品牌的认同感。

通过不断地优化个性化内容策略,并将其应用到实际的营销活动中,品牌能够更好地与粉丝建立深层次的联系。这种联系有助于内容在激烈的市场竞争中脱颖而出,吸引并维系一个忠实的粉丝基础。

4.2　提高用户参与度与互动

4.2.1　激励用户参与的技巧

4.2.1.1　创造互动性强的内容

用户参与是衡量内容效果的关键指标之一,它不仅增加了品牌的可见性,还能增强用户的品牌忠诚度。创造互动性强的内容对于提升用户参与度和互动至关重要。以下是一些有效的技巧,用于创造互动性强的内容:

首先,提问与投票能够激发用户的参与。在社交媒体帖子或博客文章中加入问题或调查问卷,邀请用户分享他们的意见和答案,这样可以激发讨论和互动。

其次,挑战和竞赛也是提高参与度的好方法。通过设计有奖挑战或竞赛,鼓励用户创建相关内容参与互动。为了确保广泛的参与,规则应保持简单,奖励要具有吸引力。

个性化体验也能提升用户的参与感。利用用户数据来创建定制化的内容,比如使用用户的名字或根据他们的喜好推荐相关的内容,让用户感受到品牌的个性化关注。

此外,鼓励用户生成内容有助于增强社区感。当用户分享他们自己的故事或与品牌相关的内容,并在平台上展示时,不仅减轻了品牌自身的内容制作压力,同时也提高了其他用户的参与度。

故事讲述是另一种提升互动的方法。好的故事能够引发情感共鸣,促使用户自然地想要评论和分享,从而增加互动。

实时互动也非常有效,利用直播或即时聊天功能与观众实时互动,可以显著提高用户的参与度。

优质视觉效果也不容忽视。使用高质量的图像、视频和 GIF 等视觉元素来吸引用户的注意力,可以使内容更加生动有趣。

话题标签可以帮助扩大讨论的范围和深度。利用或创建热门话题标签,鼓励用户围绕这些主题创作内容。

互动式内容如计算器、测验或游戏等工具,是提高用户参与度的强有力手段。最后,主动回应用户的评论和消息,建立双向沟通的渠道。当用户感受到品牌的回应时,他们会更加积极地参与其中。

通过上述技巧,我们可以在日常营销实践中创造具有高度互动性的内容,以实现有效的用户参与和提升品牌影响力。不断地创新和优化内容策略,品牌能够在竞争激烈的市场中建立起活跃且忠诚的用户社区。

4.2.1.2 举办吸引用户的活动

首先,了解和定位用户群体是关键,这包括对潜在客户进行细分,并深入了解他们的兴趣和行为习惯。

其次,设置明确的活动目标是必要的,这些目标应该是具体且可衡量的,比如提升品牌认知度或增加用户互动。

再次,创意策划与主题设计对于吸引用户至关重要。活动主题应与品牌形象相符合,并且能够引起目标用户的兴趣。选择适合的宣传渠道也非常重要,这应根据用户的行为特点来决定,并实施全方位的宣传策略。预算规划也是活动成功的关键,需要合理规划以覆盖所有潜在的成本。

推广与宣传活动是提高用户参与度的有力手段。一套全面的市场推广计划应该包括活动的前期预告、实时更新和结束后的总结。优惠与奖励机制也能显著提高用户的参与动力,如提供折扣券、免费样品或忠诚度积分,以及设计互动性的游戏或竞赛环节。

优化用户体验是确保活动成功的另一要素,无论是在线还是线下活动,都应确保用户有良好的体验,并提供有效的客户支持。数据收集与分析则是评估活动效果的重要手段,利用数据追踪和分析工具来收集用户参与的数据,并从中洞察未来改进的方向。

最后,后续跟进和维护不应被忽视。活动完成后,继续与参与者保持沟通,发送感谢信、满意度调查或后续优惠信息,同时利用获得的用户数据进行个性化营销和关系维护。通过这些步骤,企业可以有效地提高用户参与度和互动,加深品牌印象,并推动业务增长。

4.2.1.3 实施奖励机制

为了有效提高用户参与度与互动,实施奖励机制是一种重要的策略。首先,设计一个吸引人的奖励框架至关重要,这包括确定奖励的类型(如实物奖品、电子优惠券、积分等)以及设定获得奖励的条件和规则。这些规则应该简单明了,便于用户理解并积极参与。

引入分层激励系统可以满足不同用户群体的需求,比如为新用户提供特别奖励或为 VIP 用户提供独家优惠。这样的系统鼓励用户持续参与,并通过累积奖励来增强长期参与的动力。

明确沟通奖励的价值对于吸引用户至关重要。企业需要通过清晰的沟通策略,向用户展示奖励的优势。同时,使用吸引人的视觉元素和有说服力的文案来突出奖励的吸引力,激发用户的兴趣。

将奖励机制集成到用户体验中也是关键,这意味着在用户界面中突出显示奖励,并优化用户的获取流程,使得用户能够轻松地赚取和兑换奖励。同时,确保所有用户都有平等的机会获得奖励,并保持整个过程的公平性和透明度,以增强用户的信任感。

数据驱动的优化允许企业监控奖励机制的效果,通过分析用户参与度、奖励兑换率和用户反馈来调整策略,以确保最大化奖励机制的效益。此外,企业还需确保奖励机制遵守相关的法律法规,并清晰告知用户任何法律义务或潜在的税务影响。

最后,定期更新奖励选项以保持新鲜感,并确保技术支持稳定可靠,以便用户可以无缝体验奖励机制。通过这些步骤,企业可以建立一个既有吸引力又高效的奖励系统,激励用户更积极地参与到活动中,从而提高用户参与度和品牌忠诚度。

4.2.2 社区氛围的培养与管理

4.2.2.1 构建积极交流的平台

为了培养和管理社区氛围,构建一个积极的交流平台至关重要。社区的目标、愿景和核心价值观需要明确定义,并通过社区规则和准则向成员传达。这些信息应该对所有社区成员清晰可见,以便于新成员在加入时能够了解并遵守这些基本原则。

提供高效的交流工具对于促进社区内的互动非常关键。选择合适的工具,如论坛、聊天室或社交媒体群组,确保它们易于使用,并支持多种互动形式,包括文字、图片和视频等。定期发布有趣和相关的内容,设立主题讨论日或活动,可以激发社区成员之间的讨论,引导他们围绕特定话题进行交流。

培养社区领袖和关键影响者也是构建积极交流平台的重要环节。识别并支持这些人物,他们可以帮助推动讨论、维护社区秩序,并成为其他成员的榜样。设计激励机制,如积分系统、徽章和排名,以奖励积极贡献的成员,并公开表扬优秀贡献者,以此鼓励其他成员积极参与和贡献。

同时,监控和管理不良行为对于维护社区环境至关重要。实施透明的管理政策,对违反社区规则的行为进行及时干预,采用人工或自动化工具监控不良行为,如垃圾邮件、网络欺凌或不当内容。建立清晰的反馈和申诉机制,让社区成员可以报告问题或提出建议,并定期审查反馈,采取行动进行改进,并向社区公布处理结果。

最后,通过定期对社区氛围和成员满意度进行评估,企业或组织可以不断优化社区环境和交流体验。这可以通过调查问卷、访谈或数据分析来完成。根据评估结果调整策略,确保社区持续发展,形成一个健康、活跃的社区氛围。

4.2.2.2 监控和管理社区行为

为了维护健康的社区氛围,监控和管理社区行为是必不可少的。首先,需要制定一套全面的社区指导原则,明确界定不允许的行为,如辱骂、歧视、骚扰或发布不当内容等。所有社区成员在加入时都应了解这些规则,并同意遵守。

使用适当的监控工具对于有效管理社区至关重要。可以利用人工或自动化的工具来监控社区活动,检测潜在的违规行为,并选择能够提供实时监控和报告功能的工具,以便及时响应不当行为。建立快速响应机制,对于违反社区规则的行为,应迅速处理,并确保有足够的资源和人员来处理报告的问题。

提供透明的决策过程也是关键,处理违规行为时应确保公正、透明,并与社区规则一致。在可能的情况下,向社区成员解释采取行动的原因和结果。此外,定期向社区成员提供教育和培训,强化社区标准和期望行为,鼓励成员之间的正面互动和相互尊重,以形成自我监督的社区环境。

激励积极行为同样重要,通过奖励和认可遵守规则、积极参与社区建设的成员,鼓励积极的行为。设计系统,如积分奖励、荣誉称号等,以表彰对社区有积极贡献的成员。

定期评估监控和管理策略的有效性,收集社区成员的反馈,进行必要的调整,并保持对新的社区管理实践和工具的关注,以便不断改进管理方法。通过这些步骤,社区管理员可以有效地监控和管理社区行为,确保社区环境的秩序和安全,同时促进成员之间的积极互动,维护社区的长期健康发展。

课后习题

1. 详细描述搜索引擎优化的优势。
2. 简述收集和分析粉丝数据的步骤。
3. 简述如何提高用户参与度与互动。

第五章　短视频营销与推广

随着数字媒体时代的飞速发展,短视频已经迅速成为互联网内容消费的新宠。它们以娱乐性强、信息量密集、易于分享的特性,俘获了全球数亿用户的心。对企业和品牌而言,短视频不仅仅是一种新兴的内容形式,更是一个强大的营销工具。它以其独特的方式突破了传统广告的界限,为品牌提供了一个互动性更强、用户参与度更高的宣传平台。本章将深入探讨短视频在搜索引擎优化(SEO)方面的应用,包括关键词和标签的战略利用,以及如何通过社交媒体扩大品牌影响力。我们将分析不同社交平台的特点及策略,以及如何有效地与关键意见领袖(KOL)合作和进行跨界营销。这些内容将为企业营销人员提供宝贵的洞见和方法,帮助他们在短视频领域取得优势,实现品牌传播和业务增长的目标。

5.1　短视频 SEO 优化

5.1.1　SEO 策略在短视频中的应用

5.1.1.1　元数据优化

在短视频 SEO 优化中,元数据的处理是至关重要的。元数据,即数据的数据,为搜索引擎提供了抓取和理解视频内容所需的关键信息。

(1)精心挑选的标题:标题是用户在搜索结果中看到的第一件事,因此它需要吸引人且包含关键词。一个好的标题应该准确描述视频内容,同时激发用户的好奇心。避免使用误导性或点击诱饵的标题,因为这可能会导致用户失望并损害品牌的信誉。

(2)详细的描述:视频描述应该详细而精确,提供关于视频内容的更多信息。这不仅是搜索引擎了解视频主题的文本基础,也是吸引用户观看的重要部分。描述中应该自然地使用关键词,并且可以包含相关的链接,如指向网站、社交媒体页面或其他相关视频的链接。

[知识链接]

抖音SEO 优化逻辑

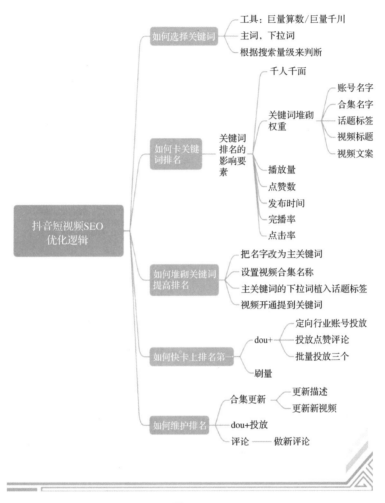

图 5-1

(3) 合适的标签：标签有助于将视频分类到正确的主题和类别中。选择与视频内容直接相关的标签，而不是那些热门但与视频无关的标签。这样可以确保视频出现在潜在观众的搜索结果中。

(4) 关键词策略：在元数据中使用关键词是为了帮助搜索引擎理解视频内容，并把它展示给感兴趣的观众。关键词应该是精确的，覆盖视频的主题和任何相关的子主题。同时，避免过度使用关键词（关键词堆砌），这可能会导致搜索引擎对视频的价值打折扣。

（5）用户体验：在优化元数据时，始终考虑用户的体验。元数据应该清晰、易于阅读，并且为用户提供价值。例如，如果用户正在搜索教程或教育内容，确保这一点在标题和描述中明确指出。

通过对元数据的细致优化，可以显著提高短视频在搜索引擎和社交媒体平台上的可见性。这不仅有助于吸引潜在观众，还有助于提高视频的点击率和观看次数，从而增强品牌知名度和用户参与度。

5.1.1.2 高质量内容制作

在短视频营销中，内容的质量和吸引力是决定其成功的关键因素。高质量的内容能够吸引观众的注意力，引发情感反应，并鼓励观众进行互动。高质量内容制作的一些关键要点（见图 5-2），能够帮助我们制作的视频在竞争激烈的平台中脱颖而出。

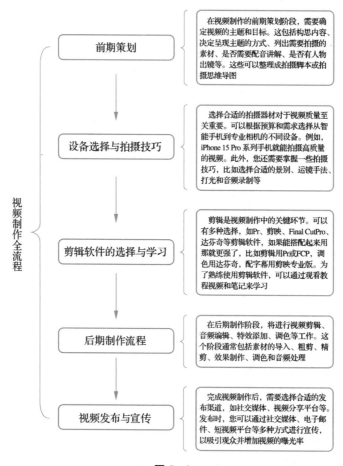

图 5-2

（1）内容价值和相关性：确保每个视频都提供与观众相关的价值。无论是通过教育性内容、解决问题的方案、引人入胜的故事叙述，还是简单的娱乐，视频都应该满足观众的需求和兴趣。内容应该紧跟最新的趋势和热门话题，同时保持与品牌的关联性，以便为观众提供有意义且难以忘怀的体验。

（2）视觉和音频质量：高质量的视觉效果和音频是专业视频制作的基础。使用高分辨率的摄像设备和清晰的音频录制设备可以显著提升视频质量。视频的视觉元素应该是引人注目的，色彩鲜明，图像稳定。音频应该清晰无杂音，如果视频中有对话或旁白，确保声音是可理解的，并且音量平衡适当。

（3）编辑和后期处理：精心的视频编辑可以增强故事叙述性，增强视觉吸引力，并保持观众的兴趣。利用合适的剪辑节奏和过渡效果，可以有效地引导观众的注意力。添加适当的背景音乐和声音效果可以增强情感体验。确保视频的开头足够吸引人，以快速抓住观众的注意力，并通过编辑保持整个视频的动力和流畅性。

（4）原创性和创意表达：虽然模仿当前的热门趋势可能有助于获得短期的关注，但长期来看，原创性和创意才是王道。努力创造独一无二的内容，不仅能够帮助我们在众多视频中脱颖而出，还能够建立品牌的独特声音和形象。创意可以是新颖的概念、独特的视角、创新的故事叙述方式，或者是与众不同的视觉效果。

（5）针对目标受众的内容策略：了解并定位目标观众是至关重要的。深入分析观众的行为、偏好和兴趣，以便制作出他们真正感兴趣的内容。这可能涉及对特定年龄段、性别、地理位置或文化背景的观众进行定制内容。通过精准定位，我们可以提高视频的观看率和互动度，同时建立起与观众的紧密联系。

高质量的内容制作要求创作者在策划、拍摄、编辑和发布过程中投入大量的精力和创造力。通过提供有价值、视觉和听觉上吸引人的内容，以及确保原创性和针对性，短视频可以在激烈的竞争中获得成功，并为品牌带来积极的回报。

5.1.1.3　字幕和封闭字幕的使用

在短视频内容制作中，字幕和封闭字幕（通常称为字幕文件）的使用对于提高视频的可访问性和参与度至关重要。它们不仅帮助听障或听力困难的观众理解视频内容，还能让使用无声播放的用户在不打扰他人的情况下观看视频。此外，字幕还有助于 SEO 和跨语言的观众接触。

（1）可访问性：提供字幕是提高视频可访问性的重要步骤。它确保所有观众，无论他们的听力状况如何，都能够享受和理解视频内容。这不仅是社会包容性的体现，也是法律要求，许多国家都规定公共视频内容必须提供字幕。

（2）参与度提升：提供字幕，用户在不开启音频的情况下可以观看视频，这在声音不宜外放的环境中非常有用，比如在图书馆、办公室或公共交通工具上。这使得观众可以在更多场合观看视频，从而增加视频的观看时长和参与度。

（3）搜索引擎优化（SEO）：搜索引擎机器人可以读取字幕文本，这有助于更好地理解视频内容并将其索引到相关关键词下。这对于提高视频在搜索结果中的排名至关重要。

（4）多语言观众：还可以把字幕翻译成不同的语言，使得非母语观众也能够理解视频内容。这不仅扩大了视频的潜在观众群，也有助于品牌在全球市场上的推广。

（5）内容的准确性：确保字幕内容的准确性非常重要，因为不准确的字幕可能会传递错误的信息。投资专业的翻译和校对服务可以确保字幕的质量。

（6）技术标准：遵循适当的字幕格式和标准（如 SRT 或 VTT 格式）以确保兼容性。字幕文件应与视频同步，并易于阅读，字体大小和颜色应清晰且对比度高，以便所有观众都能轻松阅读。

（7）设计考虑：字幕的设计应该考虑到不干扰视频内容的观看。通常，字幕会放置在视频画面的下方中间位置，但根据视觉设计的需求，也可以有其他合适的位置。

通过使用字幕和封闭字幕，内容创作者可以提高他们的视频对不同观众群体的吸引力，同时遵守可访问性的准则，并可能提高他们在搜索引擎中的能见度。

5.1.1.4 视频站点地图提交

视频站点地图是一种特殊的站点地图，它专门设计用于提高搜索引擎对视频内容的索引效率。通过提交视频站点地图到搜索引擎，网站所有者可以确保他们的视频内容被快速且准确地发现和收录。以下是视频站点地图提交的关键点：

（1）视频站点地图的重要性：视频站点地图是一种遵循特定格式（通常是XML）的文件，它列出了网站上所有的视频内容及其相关信息，如视频标题、描述、标签、播放时长、上传日期等。这有助于搜索引擎机器人更有效地抓取和索引视频内容。

（2）创建视频站点地图：创建视频站点地图通常需要使用特定的工具或插件，这些工具可以根据网站的视频内容生成必要的 XML 代码。这个过程中，你需要确保所有视频数据都是准确和最新的。

（3）提交站点地图：一旦视频站点地图创建完成，下一步是将其提交给主流搜索引擎，如 Google、Bing 等。大多数搜索引擎都有 Webmaster Tools 或类似的平台，允许网站所有者提交站点地图并监控其索引状态。

（4）定期更新：随着新视频的上传和旧视频的更新，视频站点地图也需要定期更新以反映这些变化。确保定期重新生成和提交站点地图，以便搜索引擎能够捕捉到最新的内容。

（5）优化和规范性：在创建视频站点地图时，确保遵循最佳的 SEO 实践，包括使用规范化的 URL 和适当的结构化数据标记。这有助于提高视频在搜索结果中的排名。

（6）监控性能：通过 Webmaster Tools 等工具，网站所有者可以监控视频站点地图的性能，包括索引状态、点击率和可能的错误报告。这些信息对于识别问题并进行必要的调整至关重要。

通过这些步骤，视频站点地图提交可以帮助确保视频内容的最大可见性，从而提高网站的 SEO 表现和用户参与度。这是任何希望提高其视频内容在线可见性的品牌或内容创作者的重要策略。

5.1.1.5 页面优化技术

为了确保网页能够快速加载并提供流畅的用户体验，页面优化技术必须细致且全面地应用。

（1）选择合适的技术栈：对于前端开发，选择正确的技术栈对于提升性能至关重要。并非所有项目都需要使用复杂的框架或库，如 React、Vue 或 Angular。对于小型或简单项目，原生 JavaScript 结合轻量级的插件可能更加高效。对于需要 SEO 优化的网页，采用服务器端渲染（SSR）可能是更好的选择。此外，多页面应用（MPA）与单页面应用（SPA）之间的选择也应基于用户交互的复杂性和内容更新的频率。

（2）图片优化：图片是提升用户体验的重要元素，也是影响页面加载时间的主要因素之一。对图片进行适当的压缩，以减少文件大小，同时保持必要的视觉质量。使用现代格式如 WebP 可以提供更好的压缩效率。实现图片的懒加载，即在用户滚动到视窗附近时再加载图片，可以减少初始页面加载的时间。

（3）减少 HTTP 请求：每个额外的 HTTP 请求都会增加页面加载的时间。可以通过多种方式减少请求次数，如合并 CSS 和 JavaScript 文件来减少文件数量，使用雪碧图（Sprites）将多个小图标合并为一个文件，以及利用现代前端工具进行模块打包和优化。

（4）利用浏览器缓存：通过设置合适的 HTTP 缓存头，可以使浏览器缓存静态资源，如 CSS、JavaScript 和图片文件。这样，重复访问的用户可以更快地加载页面，因为资源可以直接从本地缓存中获取，而不是重新从服务器下载。

（5）使用 CDN 服务：CDN（内容分发网络）可以将网站的静态资源分布存储在全球的多个服务器上。这样，用户可以从地理位置最近的服务器下载资源，减少延迟,加快加载速度。

(6) 服务器端渲染(SSR):对于需要快速首屏渲染的应用,服务器端渲染可以提供更好的 SEO 和初始加载性能。这是因为服务器直接输出完整的 HTML 结构,减少了客户端的负担。

(7) 性能测试和监控:定期进行性能测试,使用工具(如 Google Lighthouse 或 WebPageTest)来分析页面加载速度和潜在的瓶颈。监控真实用户的性能数据,可以帮助我们了解优化措施的实际效果,并指导进一步的优化方向。

通过页面优化技术的综合应用,可以显著提升网页的性能,减少加载时间,提高用户的满意度和留存率。这些优化措施应该根据网站的实际情况和用户需求进行调整,以确保最佳的性能表现。

5.1.2 关键词与标签的利用

5.1.2.1 关键词研究的重要性

关键词研究是搜索引擎优化(SEO)和内容营销中的一个关键步骤,它对于吸引目标受众和提高网站在搜索引擎中的排名至关重要。

(1) 了解目标受众:通过关键词研究,可以更好地理解目标受众的需求、兴趣和搜索习惯。这有助于创建与受众相关的内容,从而提高用户参与度和满意度。

(2) 提升内容相关性:关键词研究可以帮助确定与内容最相关的词汇和短语,确保内容与用户搜索意图相匹配。这有助于提高内容的质量和相关性,从而提高搜索引擎排名。

(3) 发现新的内容机会:关键词研究可以揭示新的、未被充分利用的话题或趋势,为内容创作提供灵感。这可以帮助填补市场上的信息空白,吸引新的受众。

(4) 提高搜索排名:通过针对特定关键词优化网页,可以提高网页在这些关键词搜索结果中的排名。这有助于增加网站的可见性和流量。

(5) 竞争分析:关键词研究可以帮助分析竞争对手的关键词策略,了解他们的优势和弱点。这有助于制定更有效的 SEO 策略,以在竞争激烈的市场中脱颖而出。

(6) PPC 广告优化:关键词研究也是付费点击(PPC)广告成功的关键。通过选择正确的关键词,可以确保广告投放给最有可能感兴趣的受众,从而提高广告的转化率和投资回报率(ROI)。

(7) 节约资源:通过精确的关键词研究,可以避免浪费时间和资源在不相关或竞争过于激烈的关键词上。这有助于更有效地分配 SEO 和内容营销预算。

（8）适应变化：搜索引擎算法不断变化，用户的搜索行为也在不断演变。定期进行关键词研究可以帮助保持 SEO 策略的时效性，适应这些变化。

关键词研究是 SEO 和内容营销成功的基石。它提供了对目标受众的深入理解，有助于创建高质量的相关内容，提高搜索排名，增加网站流量，并最终实现业务目标。

5.1.2.2　标签策略的实施

在关键词研究完成之后，下一步是实施标签策略，这涉及如何有效地使用这些关键词以及如何将它们组织成分类和标签，以优化网站内容和导航结构。以下是标签策略实施的一些关键步骤：

（1）分类与层级结构：创建一个清晰的分类层级结构，它应该反映网站的主要主题和用户可能寻找信息的方式。例如，如果你的网站销售服装，可以有一个"女装"分类，其下再细分为"裙子""上衣""裤子"等子分类（见图 5-3）。

图 5-3

（2）标签的使用：标签用于补充分类，它们通常是更具体的关键词，可以跨越多个分类。标签有助于用户在更细粒度上找到他们感兴趣的内容。例如，在"女装"分类下的"裙装"子分类中，你可以使用"连衣裙""半身裙"或"长裙"等标签（见图 5-4）。

图 5 - 4

（3）关键词优化：在选择分类名称和标签时，应使用关键词研究的成果。选择那些搜索量高、相关性强的关键词作为分类或标签的名称，这样可以提高页面在搜索引擎中的排名。

（4）内部链接策略：通过在网站的导航菜单、页脚、侧边栏和正文内容中使用分类和标签，可以建立内部链接结构，这不仅有助于 SEO，还提升了用户体验。

（5）内容映射：确定每个分类和标签下应该包含哪些内容。确保每个页面或博文都清晰地归属于至少一个分类，并被适当地标记。

（6）元数据优化：对于每个分类和标签页面，编写针对性的标题（Title）和描述（Description）标签，这些元数据应该包含相关的关键词，以提高搜索可见性。

（7）避免过度优化：不要为了 SEO 而过度使用关键词作为标签，这可能导致用户体验不佳，并被视为低质量的 SEO 实践。

（8）用户测试：在实施标签策略后，进行用户测试以验证是否易于用户理解和使用。调整分类和标签结构以更好地满足用户的需求。

（9）动态内容展示：根据用户的交互和行为数据动态显示相关内容。例如，当用户浏览某一标签下的内容时，可以推荐同一分类下的其他热门内容。

（10）持续迭代：标签策略不是一成不变的。随着时间的推移和内容的积累，定期回顾和更新你的标签策略以保持相关性和有效性。

通过这些步骤，标签策略可以帮助网站更好地组织内容，提高用户体验，同时也为搜索引擎提供清晰的信号，从而提高网站的在线可见性和搜索排名。

5.1.2.3　长尾关键词的优势

在数字营销和搜索引擎优化（SEO）的世界中，关键词是构建有效在线可见性和吸引目标受众的基础。关键词研究不仅帮助我们了解目标用户的搜索行为，还为创建、优化和推广内容提供了方向。然而，并非所有关键词都具有相同的价值和效果。随着 SEO 策略的日益精细化，长尾关键词成为一种重要的资产。

（1）竞争度低：与广泛的核心关键词相比，长尾关键词的竞争度通常较低。这意味着我们的网站有更大的机会在这些细分市场中获得良好的排名。

（2）目标精准：长键词通常明确反映用户的购买意图或信息需求，因此，通过优化这类关键词，我们可以捕获到更接近转化阶段的高质量流量。

（3）转化率高：由于长尾关键词能更精确地匹配用户的搜索意图，访问者到达我们的网站后采取所需行动的可能性更高。

（4）增强内容策略：长尾关键词为内容创作者提供了丰富的灵感来源，有助于产生与目标受众更为契合的内容。

（5）可扩展性：我们可以创建大量不同的长尾关键词组合，以不断扩大覆盖的主题和吸引的流量。

（6）适应性强：长尾关键词更容易适应搜索引擎算法的更新和市场的变化，因为它们专注于特定的用户群体和具体的查询。

（7）改善用户体验：通过用长尾关键词引导内容创建，我们能够提供更加个性化和具体的回答，从而提升用户体验。

（8）成本效益：对于预算有限的企业来说，利用长尾关键词进行 PPC 广告活动通常更经济，因为这些关键词的点击成本较低。

（9）辅助核心关键词：优化长尾关键词还可以间接提升核心关键词的表现，因为整体网站的权威性和相关性会得到增强。

（10）社交媒体优化：在社交媒体上使用长尾关键词可以增强帖子的针对性，并吸引更有可能互动和分享的特定用户群体。

［知识链接］

长尾关键词的跨平台应用
- 很多人以为长尾关键词只是用网站来做排名，其实长尾关键词除了百度、谷歌、360等搜索引擎优化网站排名获取流量外，也可以用于第三方平台搜索引擎排名
- 同时，除搜索引擎以外，像微信搜一搜、抖音搜索、知乎站内搜索、小红书搜索、B站搜索等，均可以布局长尾关键词获取流量

尽管长尾关键词的独立搜索量可能不大，但它们的累积效应对网站流量和业务成果可能具有重大影响。通过深入分析和精心选择长尾关键词，品牌可以在激烈的市场竞争中找到一个有利的位置，并实现持久的 SEO 成功。

5.1.2.4　趋势分析与关键词整合

趋势分析与关键词整合是 SEO 和内容营销策略中的重要环节。通过了解搜

索趋势和用户行为,品牌能够及时调整其关键词策略,以更好地满足目标受众的需求并提高在线内容的相关性和吸引力。

(1)趋势分析的实施:品牌应当利用各种工具,如 Google Trends、社交媒体的趋势功能及电商平台的搜索趋势,来捕捉市场的实时动向。通过识别和分析季节性变化、长期趋势以及竞争对手的策略,品牌能够及时调整自己的关键词策略以应对市场的变化。此外,深入分析用户的搜索行为和互动模式将有助于品牌更好地理解目标受众的需求。

(2)关键词研究的更新:基于趋势分析结果,品牌需要定期更新关键词库,这包括添加新兴热门关键词、淘汰不再相关的关键词,重新评估现有关键词的优先级。关键词规划工具可以帮助品牌发现新的潜在关键词,从而不断优化其关键词策略。

(3)内容的创建与优化:品牌应结合趋势分析和更新后的关键词列表来创建新的内容,如博客文章、视频和指南,确保这些内容与用户的搜索意图保持一致。同时,对现有内容进行优化,以确保它们仍然吸引用户,并且针对正确的关键词。此外,品牌还可以创建专题或专栏来集中讨论当前热门主题,以吸引更多流量和提高用户参与度。

(4)社交媒体和 PPC 策略的融合:品牌应将热门话题和市场趋势整合到其社交媒体策略中,以提高内容的可见性和引发更多的互动。在 PPC 广告系列中运用趋势性关键词,可以在控制成本的同时,充分利用用户兴趣的高峰期。

(5)持续监控与及时调整:品牌需要持续监控关键词的表现和内容的效果,并定期回顾分析数据。使用分析工具来跟踪关键性能指标,如点击率、转化率和回弹率,这将帮助评估关键词和内容策略的成功程度,并根据分析结果做出必要的调整。

(6)技术与结构的优化:为了支持新内容和关键词的快速索引和排名,品牌必须确保网站具备合理的 URL 结构、快速的页面加载速度和响应式设计。实施结构化数据和富片段可以增强搜索引擎中的展示效果,并提高内容的点击率。

品牌可以将趋势分析和关键词整合有效地纳入整体营销策略中,不仅能提升在线内容的吸引力和曝光机会,还能提高营销转化效率。这要求市场营销团队时刻关注行业动态,迅速响应市场变化,以便及时把握并利用新的市场趋势。

5.2　利用社交媒体扩大影响力

5.2.1　社交平台的选择与策略

在利用社交媒体扩大影响力时，选择合适的社交平台并制定相应的策略是至关重要的。

5.2.1.1　目标受众分析

（1）确定目标受众：首先，明确你的目标受众是谁。考虑年龄、性别、地理位置、兴趣、职业、教育水平等因素（见图5-5）。了解他们的需求和偏好，以便选择最合适的社交媒体平台进行沟通。

（2）分析受众行为：研究目标受众在社交媒体上的行为模式。了解他们最活跃的时间、他们喜欢的内容类型（如视频、图片、长文等）、他们参与讨论的话题以及他们关注的品牌或个人。

（3）评估社交媒体平台：基于目标受众的分析，评估各种社交媒体平台的适用性。例如，如果目标受众主要是年轻人，那么 TikTok 或 Instagram 可能比 LinkedIn 更合适。如果内容更倾向于专业或商业，那么 LinkedIn 可能是更好的选择。

（4）竞争对手分析：观察竞争对手在社交媒体上的活动。分析他们的策略、他们与受众的互动方式以及他们的内容效果。这可以帮助我们了解哪些方法有效，哪些不足。

（5）社交媒体趋势：保持对社交媒体趋势的关注，了解新的功能、工具和用户行为的变化。这些趋势可能会影响我们的策略选择和内容创作。

（6）创建买家画像：根据收集的信息创建详细的买家画像。这些画像应包括人口统计数据、行为特征、动机、需求和挑战。这将帮助我们更好地理解目标受众，并为内容创作和营销策略提供指导。

（7）测试和反馈：在选定的社交媒体平台上开始小规模的测试，发布不同类型的内容，监控受众的反应和互动情况。根据反馈调整策略。

（8）制定社交媒体策略：基于以上分析，制定一个清晰的社交媒体策略。这个策略应该包括目标受众、关键信息、内容计划、发布时间表、预算和资源分配。

（9）执行和监控：执行社交媒体策略，并持续监控其效果。使用社交媒体分析工具来跟踪关键指标，如参与度、增长速率、转化率等。根据分析结果不断优化策略。

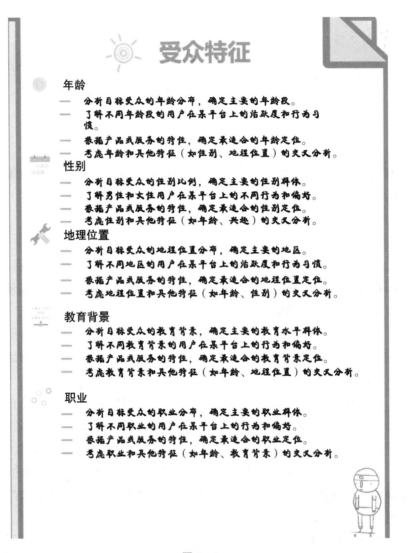

图 5－5

通过这些步骤,我们可以确保社交媒体策略与目标受众相匹配,从而提高内容的吸引力,扩大品牌影响力,并最终实现营销目标。

5.2.1.2 内容定制策略

为了在短视频平台上有效地吸引和保持观众的注意力,内容定制策略显得尤为重要。这些策略旨在确保视频内容与目标观众的偏好、兴趣和需求相匹配。

(1)分析目标受众:首先,需要对目标受众进行深入的分析,了解他们的年龄、性别、地理位置、文化背景、兴趣爱好以及观看习惯。这可以通过社交媒体分析工具、市场调研或直接与观众互动来实现。收集和分析这些数据有助于识别出最有可能吸引观众的内容类型和主题。

（2）个性化内容：基于对目标受众的了解，制作个性化的视频内容。个性化可以是使用观众熟悉和喜欢的角色、引用流行文化元素、讲述与观众生活经验相关的故事，或者直接在视频中回应观众的评论和反馈。个性化的内容能够让观众感到自己是品牌社区的一部分，从而增加他们的参与度和忠诚度。

（3）适应不同平台：不同的社交媒体平台有不同的内容偏好和发布规范。因此，定制内容时需要考虑每个平台的特点，如抖音（TikTok）更适合发布短小精悍、娱乐性强的内容，而哔哩哔哩（B站）可能更适合发布长度较长、内容丰富的视频。

（4）故事叙述：人们天生喜欢听故事，因此，将品牌信息融入引人入胜的故事中是一种有效的内容定制策略。故事可以是教育性的，提供有价值的信息；也可以是情感上的，引发共鸣；或者是启发性的，激励观众采取行动。无论哪种类型，故事都应该与品牌的价值和目标受众的兴趣相结合。

（5）互动性强调：鼓励观众参与是内容定制的重要组成部分。这可以通过提问、举办竞赛、邀请观众提交自己的内容或在视频中包含互动元素（如投票或评分）来实现。互动不仅能够提高观众的参与度，还能够提供关于观众偏好的宝贵信息，为未来的内容制作提供指导。

通过实施这些内容定制策略，品牌可以更有效地与目标受众建立联系，提高内容的吸引力和参与度，并最终增加转化率和品牌忠诚度。内容定制不仅有助于提升用户体验，还能够在竞争激烈的市场中为品牌赢得独特的立足点。

5.2.1.3　最佳发布时间选择

在社交媒体和短视频平台上，选择正确的发布时间对于最大化内容的观看量和互动率至关重要。

（1）受众分析：首先，需要对目标观众的行为进行详细分析，包括他们在社交媒体上的活跃时间。这可以通过查看平台内置的分析工具或使用第三方社交媒体管理工具来实现。了解受众的日常生活模式和在线习惯可以帮助确定他们最可能观看视频的时间。

（2）平台特性：不同的社交媒体平台有不同的高峰时段。例如，一些平台在工作日的白天时段可能更活跃，而其他平台可能在傍晚或周末有更多的用户在线。研究这些趋势，并结合目标受众的行为，可以帮助确定最佳的发布时间。

（3）内容类型：发布的内容类型也会影响最佳发布时间。例如，早上可能是分享教育性内容的理想时间，因为人们可能在上班或上学途中寻找有价值的信息；而娱乐性或休闲内容可能在下午晚些时候或晚上发布效果更好，因为那时人们更有可能放松并寻找娱乐。

（4）时间区：如果你的观众遍布全球，考虑时区的差异至关重要。可能需要根据不同地区调整发布时间，以便为每个主要的受众群体提供最佳时机。

（5）测试和优化：最佳发布时间并不是一成不变的，它可能会随着观众行为的变化而变化。因此，重要的是要定期测试不同的发布时间，并监控结果。通过对比不同时间发布的视频表现，可以细化并不断优化发布时间策略。

（6）竞争对手分析：观察竞争对手的发布时间也可以获取有用的信息。分析竞争对手何时发布内容以及这些内容的互动情况，可以帮助发现潜在的最佳发布时间。

最佳发布时间的选择是一个结合了受众分析、平台特性、内容类型、时间区和持续测试的过程。通过精心选择发布时间，可以确保内容在目标观众最活跃的时候出现，从而提高观看量和互动率。

5.2.1.4　互动与参与的促进

在短视频营销中，促进观众的互动与参与是至关重要的。互动不仅可以增加视频的观看次数和观看时长，还可以增强观众对品牌的记忆和忠诚度。以下是几种有效的互动与参与促进策略：

（1）呼吁行动（CTA）：在视频中包含明确的呼吁行动可以显著提高观众的参与度。这些行动可以是点赞、评论、分享、订阅或点击链接等。确保CTA清晰可见，并在视频的高潮或结尾部分呈现，以最大化其效果。

（2）利用互动式元素：许多社交媒体平台提供了互动式工具，如投票、问答、滑块反应等。这些元素可以直接在视频中加入，以鼓励观众参与并收集他们的反馈。

（3）回复评论：积极回复观众的评论不仅能够建立社区感，还能鼓励更多的观众留下自己的想法。这显示了品牌对观众意见的重视，并能够维持对话的持续性。

（4）创造挑战和话题：发起挑战或创建与视频相关的话题可以激发观众的创造力和参与欲。例如，邀请观众模仿视频中的某些动作或使用特定的标签来分享自己的内容。

（5）举办抽奖和竞赛：通过举办抽奖和竞赛来激励观众参与。这可以是简单的，如随机选择评论者获奖，或者是需要观众提交内容的竞赛。无论哪种方式，奖励的存在都能显著提高参与度。

（6）用户生成内容（UGC）：鼓励观众制作与品牌相关的内容，并在社交媒体上分享。这不仅能够增加品牌的曝光度，还能够建立一种社区参与感，因为观众可以看到自己成为品牌故事的一部分。

（7）故事讲述：人们天生喜欢听故事，因此，通过故事讲述来引发情感反应是一种强有力的互动手段。故事可以是关于产品的起源、顾客的经历或者品牌的使命，只要它们能够引起共鸣并激发观众的情感。

通过实施这些策略,品牌可以有效地促进观众的互动与参与,从而建立起积极的社区氛围,增强品牌形象,并最终推动销售。记住,互动与参与的关键在于提供价值和娱乐,同时保持真实和透明,以便建立长期的信任关系。

5.2.2 KOL 合作与跨界营销

5.2.2.1 关键意见领袖(KOL)合作策略

关键意见领袖(Key Opinion Leaders,KOLs)在社交媒体和网络营销中扮演着至关重要的角色。他们通常拥有大量的追随者,对观众的购买决策有着显著的影响力。

(1)选择合适的 KOL:选择与品牌形象、目标市场和产品定位相匹配的 KOL 至关重要。理想的 KOL 应该不仅拥有高影响力的社交媒体账号,还应该与品牌的目标受众有较高的契合度。

(2)建立真实关系:与 KOL 建立真实的合作关系,而不仅仅是一次性的交易。这意味着要寻找那些真正相信品牌和产品价值的 KOL,并建立长期的合作伙伴关系。

(3)内容共创:与 KOL 合作创建内容时,给予他们一定的自由度来发挥他们的创造力。这样可以确保内容更加自然、真实,同时也能够更好地吸引 KOL 的追随者。

(4)透明度和诚信:确保所有的 KOL 营销活动都是透明的,并且符合相关法律规定。这包括明确地披露赞助关系,以避免误导消费者。

(5)多平台策略:不要局限于单一的社交媒体平台。根据 KOL 的影响力和受众分布,制定跨平台的营销策略,以最大化覆盖率和参与度。

(6)量化结果:设定明确的 KPIs(关键绩效指标),并使用可量化的数据来衡量 KOL 合作的效果。这包括观看次数、点击率、转化率以及品牌认知度的提升等。

(7)持续优化:基于数据分析的结果,不断优化 KOL 的选择和合作方式。这可能涉及调整目标受众、改变内容方向或尝试不同的 KOL 组合。

通过这些策略,品牌可以有效地利用 KOL 的影响力来提升品牌知名度、增强品牌形象,并最终推动销售。KOL 合作不仅可以扩大品牌的社交媒体足迹,还可以通过 KOL 与受众之间的信任关系来增加品牌的可信度和吸引力。

5.2.2.2 跨界营销的实施

跨界营销是一种将两个或多个不同行业、不同品牌或产品结合起来,共同推广的营销策略(见图 5-6)。这种策略可以创造独特的协同效应,吸引新的客户群体,并增强品牌的市场影响力。

图 5-6

（1）选择合作伙伴：寻找与自己品牌有共同价值观、目标受众或有互补性的品牌。合作双方都应该从这次合作中获得明确的利益，无论是扩大市场覆盖、提升品牌形象还是增加销售额。

（2）共同目标设定：与合作伙伴一起设定明确的营销目标。这些目标应该是具体、可衡量的，并且与双方的品牌战略相一致。

（3）创意策划：开展创意策划工作，设计独特的跨界营销活动。这可能包括联名产品、特殊主题活动、互动式广告或社交媒体活动等。创意内容应该能够体现两个品牌的特色，同时为消费者带来新鲜感和价值。

（4）资源整合：整合双方的资源和优势，以实现更大的市场影响力。这可能包括共享市场数据、合并客户资源、共同进行产品开发或利用双方的销售渠道。

（5）透明沟通：确保所有参与方在合作的每一个阶段都保持开放和透明的沟通。这有助于及时解决可能出现的问题，并确保所有活动都符合双方的品牌标准和法律要求。

（6）监测与评估：实施有效的监测机制来跟踪跨界营销活动的表现。使用关键绩效指标（KPIs）来评估活动的有效性，并根据反馈进行调整。

（7）风险管理：预见并管理与跨界营销相关的风险，包括品牌形象受损、目标不一致或合作方之间的冲突。制定相应的应对策略，以确保合作顺利进行。

通过精心策划和执行跨界营销活动，品牌可以开拓新的市场空间，创造独特的消费者体验，并在竞争激烈的市场中脱颖而出。这种策略不仅可以吸引新客户，还可以加深现有客户的品牌忠诚度，从而为所有参与方带来长期的价值。

5.2.2.3 赞助内容的创建与发布

赞助内容,也称为品牌内容或赞助广告,是一种品牌支付费用以在媒体平台上发布的内容形式。这种内容通常由品牌提供,旨在推广其产品或服务,同时为受众提供价值。

(1)目标明确:在创建赞助内容之前,首先要明确营销目标。这些目标可能包括提高品牌知名度、增加产品销量、改善品牌形象或吸引新客户。目标应该具体、可衡量,并与整体营销战略相一致。

(2)内容策略:根据营销目标和目标受众的偏好,制定内容策略。内容应该是吸引人的、具有教育性的或娱乐性的,并且与品牌的核心价值观相符。确保内容不仅能够吸引受众的注意力,还能够激发他们采取行动。

(3)制作质量:赞助内容的质量至关重要,因为它直接影响品牌形象。投资于高质量的视觉和音频制作,确保内容看起来专业且符合品牌标准。

(4)平台选择:根据内容类型和目标受众,选择合适的发布平台。不同的社交媒体和在线平台有不同的受众群体和内容偏好。

(5)合规性:遵守所有相关的广告法规和平台政策,确保赞助内容清晰地标明其为赞助或广告。这有助于维护消费者信任并避免潜在的法律问题。

(6)互动优化:鼓励观众参与并互动,如通过评论、分享或参加相关活动。互动可以提高赞助内容的可见度和参与度,从而增加其效果。

(7)分析和调整:使用分析工具来跟踪赞助内容的表现。监控关键绩效指标(KPIs),如观看次数、点击率、转化率等,并根据数据反馈进行调整。持续优化内容和发布策略,以提高 ROI(投资回报率)。

遵循这些步骤,品牌可以有效地创建和发布赞助内容,以实现其营销目标。重要的是要记住,赞助内容应该是有价值的,能够为受众提供有用的信息或娱乐,而不仅仅是一个广告。这样,它更有可能被受众接受并产生积极的影响。

5.2.2.4 合作效果的跟踪与分析

在 KOL 合作和跨界营销活动中,跟踪和分析合作效果对于评估 ROI 和指导未来策略至关重要。以下是有效跟踪和分析合作效果的关键步骤:

(1)设定关键绩效指标(KPIs):在合作开始前,确定一系列可量化的 KPIs,如观看次数、点击率、转化率、销售额增长、品牌提及量、社交媒体互动(点赞、评论、分享)等。这些指标将作为衡量合作成功与否的基础。

(2)使用分析工具:利用各种分析工具来收集数据,包括社交媒体分析平台、网站分析工具、广告平台内置的分析功能等。确保能够追踪到所有相关的用户行为和反馈。

（3）跟踪品牌曝光度：分析合作带来的品牌曝光度，包括 KOL 的内容覆盖范围、观众规模以及品牌的提及次数。这有助于了解合作对品牌知名度的影响。

（4）评估用户参与度：监控用户对合作内容的参与情况，如点赞、评论和分享的数量。这些指标可以反映观众的参与程度和内容的质量。

（5）分析转化效果：如果合作目标是促进销售或特定行为，需要跟踪转化率和相关的销售数据。这可能涉及设置特殊的促销代码或跟踪特定着陆页的性能。

（6）收集消费者反馈：通过调查、直接反馈或社交媒体监控来收集消费者对合作活动的意见和建议。这些信息可以帮助理解消费者的感受和偏好。

（7）定期报告和审查：定期生成分析报告，以监控 KPIs 的进展和趋势。根据数据开展审查会议，讨论合作的效果和潜在的改进空间。

（8）调整策略：基于分析结果，调整未来的合作策略。这可能包括改变 KOL 选择、调整内容方向、优化促销活动或重新定位目标受众。

通过这些步骤，品牌可以确保合作活动达到预期效果，并从每次合作中学习和改进。跟踪和分析不仅是评估过去的表现，更是为未来的决策提供数据支持，帮助品牌在竞争激烈的市场中保持领先。

课后习题

1. 简述 SEO 策略在短视频中的应用有哪些。
2. 简述关键词研究的重要性。
3. 简述如何利用社交媒体扩大影响力。

第六章　变现途径与商业模式

本章在数字化时代的背景下,向内容创作者和平台运营者展示如何将创作转换为收益的多种策略。从广告植入和品牌合作入手,探讨策略实施和成功案例。随后深入商品销售和电商直播,揭示展示和直播技巧,讨论会员服务设计和鼓励用户打赏的策略。这些内容将为创作者和运营者提供全面的变现指南和实用指导。

6.1　广告与品牌合作

6.1.1　广告植入的策略与执行

6.1.1.1　识别和选择适宜的广告模式

在选择广告模式时,内容创作者需要考虑多种因素,以确保所选模式最大限度地提高观众参与度,同时不损害观众体验。直接广告、赞助内容、产品植入、原生广告和贴片广告都是可行的选项,每种都有其优势和局限性。关键是选择一种与内容主题紧密相关,且能够自然融入内容中的广告模式。

(1) 直接广告(Direct Advertising):在视频或内容中直接提及品牌、产品或服务。选择这种模式时,应考虑品牌的相关性和如何将其自然地融入内容中,以及是否会影响内容的自然流畅性。

(2) 赞助内容(Sponsored Content):在这种模式下,品牌可能会赞助整个内容片段,或者内容创作者会创建专门围绕赞助品牌的内容。选择赞助内容模式时,需要确保赞助商的品牌价值观与内容创作者的品牌形象相吻合,并且内容对观众具有吸引力。

(3) 产品植入(Product Placement):将产品自然地展示在内容中,通常是通过故事情节或场景来实现。选择这种模式时,应考虑产品与内容的契合度以及是否能够在不影响内容质量的情况下进行植入。

（4）原生广告(Native Advertising)：一种与内容风格和格式相匹配的广告形式，旨在提供有价值的信息而不打断用户体验。选择原生广告时，应关注广告内容是否为观众提供了有用的信息，并且是否能够与周围内容无缝融合。

（5）贴片广告(Bumper Ads)：短视频平台上常见的短小精悍的广告形式，通常在视频开始前或中间播放。选择贴片广告时，应考虑广告的长度和频率，以免引起观众的反感。

在选择适宜的广告模式时，还需要考虑以下因素：

（1）观众定位：了解观众的兴趣和偏好，选择最能引起他们兴趣的广告模式。

（2）内容类型：根据内容的性质（如教育、娱乐、生活方式等）选择最合适的广告形式。

（3）品牌形象：确保广告模式与个人或品牌的市场定位一致，以维护品牌形象。

（4）平台特性：不同的内容发布平台可能对广告模式有不同的限制和优势，选择广告模式时应考虑这些因素。

通过综合考虑这些因素，内容创作者可以识别并选择最适合自己内容和观众的广告模式，从而最大化广告效果，同时保持观众的参与度和满意度。

6.1.1.2　创造融合内容与广告的创意方案

在识别和选择适宜的广告模式后，内容创作者需要进一步开发创意方案，以确保广告能够与内容自然融合。创造一个既满足商业需求又保持艺术价值的方案是一个挑战，但以下步骤可以指导创作者实现这一目标：

（1）理解品牌故事：深入研究合作品牌的价值观、使命和市场定位。了解品牌的故事可以帮助创作者找到与自己内容相符的广告切入点。

（2）设计互动元素：考虑增加互动元素（如提问、投票或评论），鼓励观众参与广告内容。这样不仅提高了观众的参与度，也增强了广告效果。

（3）讲述引人入胜的故事：通过故事叙述来展示产品或服务的好处。一个吸引人的故事可以让观众记住广告信息，并且更可能引起情感共鸣。

（4）视觉和情感的契合：确保广告的视觉元素与内容的风格一致。使用符合观众情感和审美的元素，使广告看起来更像是内容的一部分，而不是外来的干扰。

（5）巧妙揭示产品特点：在内容中巧妙地揭示产品的特点和优势，而不是简单的宣传。这可以通过展示产品如何解决问题或增强生活体验来实现。

（6）整合剧情与产品特性：如果内容具有叙事性质，可以在剧情中自然地编织产品特性。这种策略通常用于电影和电视剧中的产品植入。

（7）测试与反馈：在最终确定广告方案之前，可以制作几个不同的概念草图或原型，并在小组成员、同行甚至目标观众中进行测试。收集反馈并根据这些信息进行调整。

（8）遵守道德和法律标准：确保广告内容遵循行业的道德标准和法律规定，如明确标示广告内容，避免误导观众。

通过这些步骤，内容创作者可以开发出既有创意又能有效传达广告信息的方案，同时维护了内容的质量和观众的忠诚度。一个成功的广告融合方案能够在不损害内容完整性的同时，提升品牌形象并带来可观的收益。

6.1.1.3　监测和评估广告效果及用户反馈

在实施了创意的广告植入方案之后，接下来的关键环节是监测和评估广告效果以及用户反馈。这一步对于理解广告活动的成效、优化未来策略以及保证投资回报率至关重要。以下是监测和评估过程的主要步骤：

（1）设置明确的KPIs：在开始任何广告活动之前，应该设定清晰的KPIs，如观看次数、点击率（CTR）、转化率、收入增长等，以便衡量成功与否。

（2）使用分析工具：利用各种在线分析工具和平台内置的统计功能来跟踪广告的表现。这些工具可以提供实时数据，帮助内容创作者了解广告对观众的影响。

（3）跟踪用户互动：除了直接的广告表现指标外，还应该监控用户对广告内容的互动情况，包括评论、分享、点赞等社交信号，这些都能反映观众的情感和接受度。

（4）进行A/B测试：如果可能的话，实施A/B测试（或拆分测试）来比较不同广告版本的效果。这可以帮助确定哪些元素最有效，并指导未来广告策略的调整。

（5）收集和分析用户反馈：直接从观众那里收集反馈，无论是通过调查问卷、用户评论还是社交媒体互动，都能获得关于广告受欢迎程度和潜在改进点的有价值见解。

（6）评估品牌影响：除了量化的数据之外，还要评估广告对品牌形象和知名度的长期影响。这可能包括品牌搜索量的变化、品牌相关话题的讨论热度等指标。

（7）定期报告和审查：定期生成广告性能报告，并与团队、合作伙伴以及广告商共享和审查。确保所有利益相关者都了解活动进展，并在必要时做出调整。

（8）财务评估：结合分析数据与财务数据，如广告带来的直接收入、成本投入以及毛利润等，进行全面的财务评估以确定广告活动的经济效益。

（9）持续优化：根据监测和评估的结果，不断优化广告内容、投放时间和频率等，提高广告活动的整体效率和效果。

这个过程不仅有助于衡量当前广告活动的成效，还为将来的内容创作和广告策略提供了宝贵的学习和改进机会。通过这种循环的反馈和调整机制，内容创作者可以更好地掌握吸引观众、提升参与度和增加收入的最佳实践。

6.1.2 短视频内容与品牌合作策略分析

6.1.2.1 分析品牌与短视频内容契合度

当内容创作者寻找潜在的品牌合作伙伴时，必须首先分析品牌与他们的短视频内容的契合度。一个成功的合作不仅要求品牌的信息能自然地融入内容中，还应该为观众提供价值并增强整体观看体验。

（1）品牌理念与内容主题的一致性：伙伴品牌的核心理念应与视频内容的主题相呼应。例如，一个致力于可持续生活方式的品牌可能更适合与讨论环保意识的短视频合作。

（2）目标受众的重合性：品牌的目标顾客群应该与视频内容的主要观众有显著的重叠。这有助于确保信息传递给对其感兴趣的观众，提高广告的有效性。

（3）产品展示的自然度：在短视频中展示品牌产品的方式应该尽可能自然而不造作。产品展示不应打断内容的流畅性或让观众感到突兀。

（4）品牌形象的提升：合作的品牌形象应当通过与内容的联合呈现而得到加强。例如，一个时尚品牌通过与潮流相关的视频内容合作，可以加强其时尚前沿的形象。

（5）共同价值观的传达：视频内容和品牌应有共同传递的价值观，这有助于建立信任和提升品牌忠诚度。例如，一个强调社区和互助的品牌可能会选择一个以类似主题为核心的视频系列作为合作伙伴。

通过对这些要素的深入分析，内容创作者可以确定哪些品牌可能是理想的合作伙伴，并据此制定相应的合作提案。这不仅有助于确保双方都能从合作中获得最大的利益，也为观众提供了连贯且无缝的品牌体验。

6.1.2.2 探索长期合作与短期推广的平衡点

在品牌合作中，找到长期合作与短期推广之间的平衡点对于建立可持续的合作模式并确保双方都能获得最大利益至关重要。

（1）目标一致性：确保长期合作的目标与短期推广活动相协调。长期合作往往侧重于建立和维系品牌声誉，而短期推广侧重于即时销售和市场反应。双方的目标应该相辅相成，而不是相互冲突。

（2）策略规划：设计一个包含短期和长期元素的综合策略。短期推广可以作为长期合作计划中的特定活动或周期，用以驱动即时的参与和转化，同时为长期关系建立基础。

（3）灵活性与适应性：在长期合作中保持灵活性，允许根据市场反馈和变化调整短期推广的策略。这有助于确保短期活动始终相关并且有效，同时不影响长期关系的稳定发展。

（4）绩效评估：定期评估短期推广活动的绩效，并将这些数据用于指导长期合作的方向。使用关键绩效指标（KPIs）跟踪短期活动的表现，并将这些数据与长期合作的更大目标进行比较。

（5）内容创新：在短期推广中测试新的内容形式和创意概念，这些可以作为长期合作的创新实验场。成功的创新可被纳入长期合作的内容战略中。

（6）品牌故事叙述：确保短期推广与品牌的故事叙述保持一致，并能够增强长期合作中的品牌故事。这有助于维持品牌的一贯性和识别度。

（7）观众参与：通过短期推广活动激励观众参与，并将这种参与转化为对品牌的长期关注。例如，通过短期活动收集的电子邮件地址可用于后续的长期沟通和营销活动。

（8）预算分配：合理分配预算，确保短期活动和长期合作都有足够的资源支持。过度投资于短期活动可能会损害长期合作的潜在价值，反之亦然。

（9）合同和协议：在合作协议中明确短期和长期的期望、义务和成果，这有助于防止误解，并为合作关系提供清晰的框架。

通过上述方法探索长期合作与短期推广的平衡点，品牌和内容创作者可以创建一个既有瞬时吸引力又能持续建立品牌资产的合作环境。这种平衡不仅有助于立即的商业成功，还为未来的增长奠定了坚实的基础。

6.2　商品销售与电商直播

6.2.1　商品展示技巧与策略

6.2.1.1　掌握吸引观众的商品陈列方法

在商品销售与电商直播中，商品展示是吸引观众注意力和促进销售的关键。一个有效的商品陈列方法可以提升产品的吸引力，激发观众的购买欲望。

（1）焦点突出：确保主要推广的商品成为视觉焦点。使用明亮的光线、对比色彩或独特的摆放角度来突出商品的特点。

（2）故事叙述：通过陈列来讲述一个故事，这可以是关于商品的来历、设计理念或使用场景。故事性的陈列能够更好地吸引观众并让他们产生共鸣。

（3）场景模拟：创建真实的生活方式场景，展示商品在实际使用中的样子。这种陈列方法可以帮助观众想象自己使用该商品的情景，从而激发购买欲望。

（4）互动体验：如果可能的话，提供实物样品或互动体验。在直播中，主播可以实际演示商品的使用方法，让观众看到即时的效果和体验。

（5）视觉层次感：使用不同大小、形状和颜色的商品来创造视觉层次感。这样的陈列不仅美观，也有助于引导观众的视线流动，突出重点商品。

（6）色彩搭配：合理运用色彩理论，使用对比色或协调色来增强商品的视觉吸引力。色彩搭配应符合品牌形象，并能引起目标受众的情感反应。

（7）简洁有序：避免过度堆砌商品，保持陈列的简洁和有序。清晰的布局可以帮助观众更容易地识别和理解展示的商品。

（8）动态展示：在直播中，可以利用动态效果来展示商品，如旋转、放大或过渡展示不同部分。动态展示可以增加商品的生动性，吸引观众的注意力。

（9）利用技术：使用高质量的摄影设备和专业的照明来提升商品展示的质量。良好的图像质量可以更准确地传达商品的细节和质感。

（10）背景设计：设计一个简洁而有吸引力的背景，确保它不会分散观众对商品的注意力，同时也可以强化品牌形象。

通过以上方法，电商直播主和内容创作者可以更有效地展示商品，吸引观众的注意力，并促进销售。一个精心策划的商品陈列不仅能够提升直播的观看体验，还能够直接提高转化率和销售额。

6.2.1.2 运用视觉和叙述技巧增强吸引力

在电商直播和商品销售中，除了商品陈列的物理布局之外，运用视觉和叙述技巧也是至关重要的。这些技巧可以帮助主播和内容创作者以更加动人的方式展示商品，从而增强商品的吸引力并促进销售。以下是一些有效的视觉和叙述技巧：

（1）情感连接：通过叙述与商品相关的个人故事或顾客评价，创造情感上的共鸣。这种个人化的叙述可以让观众更容易与商品建立情感联系。

（2）多感官描述：在描述商品时，不仅提及视觉特征，还要包括其他感官的描述，如质地、声音、气味或味道。这样的多感官叙述可以让观众有更丰富的想象空间。

（3）清晰的价值主张：明确传达商品的独特价值和它为观众生活带来的具体好处。这种直接的叙述方式有助于快速传递信息，并突出商品的优势。

（4）紧张与释放：在叙述中创造紧张感，然后通过展示商品如何解决问题或满足需求来释放紧张。这种叙事结构可以吸引观众的注意力，并引导他们走向购买。

（5）角色塑造：将商品赋予人格化特质，比如称某款车为"冒险家"或某款手表为"时间的守护者"。这种角色塑造可以为商品增添情感深度，使其更具吸引力。

（6）视觉节奏：在直播中通过改变镜头角度、速度和场景来控制视觉节奏。快节奏可以营造紧迫感，而慢节奏有助于深入展示商品细节。

（7）色彩心理学：利用色彩心理学原理来选择商品的展示色彩。不同的颜色可以激发不同的情绪反应，如红色可能激发激情和行动，蓝色则给人以信任和平静的感觉。

（8）隐喻和比喻：使用隐喻和比喻来描述商品，这样可以在不直接说明的情况下传达复杂的概念或情感。例如，将一款护肤品比作"肌肤的滋养甘露"可以强调其滋润效果。

（9）互动叙述：鼓励观众参与到故事中来，如提问、进行投票或让他们分享自己的经验。这种互动性可以增加观众的参与度，并使他们对商品产生更大的兴趣。

（10）视觉元素统一：确保使用的视觉元素（如字体、颜色、图像风格）与品牌和商品的形象保持一致。这种统一性有助于加强品牌识别度，并提升整体的专业感。

结合这些视觉和叙述技巧，电商直播主和内容创作者可以创造出更具吸引力和说服力的商品展示，从而提高观众的参与度和购买意愿。这些技巧的有效运用，需要不断地实践和创新，同时也需要对目标受众有深刻的理解，以便更好地满足他们的需求和期望。

6.2.1.3 制定与观众互动的销售策略

在商品销售和电商直播中，与观众的互动是提升用户体验和促进销售的关键。一个有效的互动策略能够增强观众的参与感，建立信任，并鼓励购买行为。

（1）提问与答疑：在直播过程中，主动提出问题并邀请观众分享他们的想法和意见。此外，及时回答观众的问题，解决他们的疑虑，这可以增加观众的参与度并建立专家形象。

（2）实时反馈：使用直播平台的实时反馈功能，如评论、点赞和投票，让观众参与到直播内容的创建中来。这种即时的互动可以让观众感到被重视，并对直播内容产生更大的兴趣。

（3）优惠与促销：提供限时优惠、折扣或独家促销活动（见图 6-1），鼓励观众在直播期间进行购买。确保这些优惠是有吸引力的，并且是观众在其他地方无法获得的。

图 6 - 1

（4）互动游戏与挑战：设计互动游戏或挑战，如抽奖、答题比赛或幸运转盘，以增加直播的趣味性。这些活动不仅能够吸引观众的注意力，还能够激励他们参与到直播中来。

（5）个性化体验：根据观众的行为和偏好提供个性化的推荐。例如，根据观众过去的购买历史或在直播中的互动来推荐商品，可以提高转化率。

（6）故事讲述：通过讲述与商品相关的故事来吸引观众，这些故事可以是关于商品的来历、品牌的价值观或成功的用户案例。故事讲述可以帮助观众与商品建立情感联系。

（7）VIP 体验：为常客或大额购买者提供特殊的 VIP 体验，如优先购买权、一对一咨询或定制服务。这种差异化的待遇可以增强顾客的忠诚度。

（8）社区建设：鼓励观众加入品牌社区，如微信群、论坛或社交媒体群组。在这些社区中，观众可以分享经验、交流意见并获得独家信息。

（9）后续互动：直播结束后，通过邮件、短信或社交媒体与观众保持联系。提供相关内容、感谢他们的参与或邀请他们参加未来的活动。

通过这些互动策略，电商直播主和内容创作者可以更好地与观众沟通，提升观众的购物体验，并最终促进销售。重要的是要确保互动是真诚的、有价值的，并且能够为观众带来实际的好处。此外，互动策略应该与品牌的定位和目标受众相匹配，以确保最大的效果。

6.2.2 直播带货的流程与技巧

6.2.2.1 优化直播前的准备工作和脚本规划

为了确保直播带货的成功率,充分的准备和细致的脚本规划至关重要。这些工作能够帮助主播和团队在直播过程中保持专业、有条不紊,同时提供观众所期望的信息和互动。

(1) 目标设定:明确直播的目的,包括销售目标、品牌推广或顾客参与等。这将帮助整个团队集中精力,确保所有活动都围绕这些目标展开。

(2) 产品知识:确保主播和团队成员对将要展示的商品有深入的了解。这包括产品的特点、优势、使用方法和可能的问题解答。

(3) 观众分析:研究目标观众的兴趣、购物习惯和偏好。这有助于定制直播内容,使其更加吸引目标观众。

(4) 技术检查:测试所有技术设备,包括相机、麦克风、网络连接和直播平台的功能。确保一切设备在直播期间能够稳定运行。

(5) 内容规划:制定直播的内容流程,包括开场白、商品介绍、互动环节和结束语。确保内容有吸引力且符合品牌调性。

(6) 脚本撰写:准备详细的脚本,包括要讲述的每一句话和进行的每个动作。脚本应该包含关键信息点,同时也允许一定程度的即兴发挥。

(7) 视觉元素:设计高质量的视觉元素,如背景、图形和动画,以增强直播的专业度和观赏性。

(8) 互动策略:规划互动环节,如提问、投票、游戏或抽奖,以及如何引导观众进行购买。

(9) 应急计划:准备应对可能出现的技术问题或其他意外情况的应急方案,以确保直播能够顺利进行。

(10) 彩排练习:进行至少一次全流程的彩排,以确保所有参与者熟悉自己的角色和脚本内容。这有助于提高直播的流畅度和专业度。

(11) 营销推广:在直播开始前,通过社交媒体、邮件营销和其他渠道宣传即将进行的直播,以吸引观众参与。

(12) 后台准备:确保电商平台的后台支持能够配合直播,包括库存管理、订单处理和客户服务。

通过这些准备工作和脚本规划,主播和团队可以更加自信地进行直播带货,同时给观众提供一个有趣、有价值且无缝的购物体验。这不仅能够增加销售机会,还能够增强品牌形象,建立起与观众的长期关系。

6.2.2.2 强化直播中的互动和即时反应能力

在直播带货过程中,强化互动和即时反应能力对于吸引观众、增加参与度和提升销售业绩至关重要。以下是一些策略和方法,可以帮助主播和团队在直播中更加有效地与观众互动,并迅速应对各种情况:

(1)实时监控评论:在直播中,实时监控观众的评论和问题,这样主播可以及时回应观众的疑问或反馈,提供必要的信息或解答。

(2)预设快速回复:准备一系列预设的快速回复,以应对常见的问题或评论。这可以帮助主播在不打断直播流程的情况下,迅速回应观众。

(3)互动环节:安排特定的互动环节,如提问时间、观众投票或小游戏,以鼓励观众参与并与主播进行互动。

(4)表情和肢体语言:主播应使用积极的表情和肢体语言来增强互动的效果,使观众感受到主播的热情和真诚。

(5)灵活调整内容:根据观众的反应,主播应具备灵活调整直播内容的能力。如果某个话题或产品引起了观众的极大兴趣,可以适当延长讨论时间。

(6)技术故障应对:如果出现技术故障,如画面卡顿或声音中断,主播应保持冷静,并迅速采取应急措施,如切换到备用设备或通知技术团队解决问题。

(7)观众参与的促销:设计一些观众参与型的促销活动,如限时抢购、观众决定的折扣等,以提高观众的参与感和购买意愿。

(8)即时优惠:提供即时优惠或秘密优惠码,鼓励观众在直播期间下单,这样可以增加紧迫感,促进决策。

(9)多主播协作:如果有多个主播或嘉宾参与直播,确保他们之间有良好的协作和沟通,以便在直播中提供一致的信息和支持。

(10)后续跟进:直播结束后,主播和团队应该及时跟进观众的反馈和订单情况,确保提供优质的客户服务。

通过实施这些策略,主播和团队可以在直播中创造一个更加互动和动态的环境,同时提高对突发事件的应对能力。这不仅能够增强观众的满意度和忠诚度,还能够在长期内建立品牌的良好声誉。

6.2.2.3 提升转化率的促销手段和跟进策略

在直播带货的过程中,除了展示商品和与观众互动之外,采用有效的促销手段和跟进策略对于提升转化率至关重要。以下是提升转化率的促销手段和跟进策略:

(1)限时优惠:提供限时折扣或特价,创建购买紧迫感,鼓励观众在直播期间立即下单。

（2）捆绑销售：将相关商品或互补商品捆绑在一起销售，以增加单个订单的价值。

（3）赠品策略：赠送小礼品或样品，特别是当顾客购买特定商品或达到一定消费额度时，以增加购买的吸引力。

（4）会员专属优惠：为会员提供专属优惠或积分奖励，增强他们的忠诚度并鼓励复购。

（5）互动式促销：通过游戏、抽奖或观众投票等方式，让观众参与决定促销内容，提高参与度和兴趣。

（6）预售特权：对于新品或热门商品，提供预售特权，让顾客提前下单并享受特别待遇。

（7）快速支付优惠：给予在直播期间快速完成支付的顾客额外优惠，以缩短销售周期。

（8）跟进邮件：发送感谢邮件给参与直播的顾客，并附上购买链接或相关商品的推荐，以促进二次购买。

（9）客户评价激励：鼓励顾客在购买后留下商品评价，可以提供小礼物或下次购物折扣作为回报。

（10）售后服务：提供优质的售后服务，包括退换货政策、客服咨询等，以增强顾客信任。

（11）数据分析：利用数据分析工具来跟踪和分析销售数据、观众行为和反馈，以便不断优化促销策略。

（12）社交媒体互动：在社交媒体上与顾客互动，发布相关内容，提醒他们关注未来的直播或促销活动。

（13）定期回访：定期联系已购买的顾客，了解他们的需求和反馈，同时提供新的优惠信息。

通过这些促销手段和跟进策略，可以在直播带货的各个环节中提升顾客的购买意愿，从而有效提高转化率。重要的是要确保所有促销活动和跟进策略都能够为顾客带来价值，并与品牌形象和定位保持一致。

6.3　会员制与打赏机制

6.3.1　会员服务的设计

6.3.1.1　开发独家内容和会员专属福利

在建立会员制服务体系时,独家内容和会员专属福利是提升用户黏性和增加会员价值的关键手段。为了有效地开发这些内容和福利,品牌需要从个性化体验、专享优惠、互动机会和社区特权等多个方面入手。

首先,提供个性化内容可以增强会员的归属感,如定制推荐和专属直播。早期访问权则能够让会员体验到新产品或服务的先行者优势。同时,会员专享的折扣和积分奖励等优惠措施,不仅能激励购买行为,还能加深会员对品牌的忠诚度。

其次,增加与品牌互动的机会。例如,会员专属问答环节和见面会,可以让会员感受到品牌的关怀,并参与到品牌决策中来。此外,建立会员专属的社区区域促进了会员之间的交流,同时也加强了会员对品牌的支持感。

深化内容策略也是吸引会员的重要方式,比如提供幕后故事和深度分析文章,能够增加会员对品牌的认识和兴趣。特别活动邀请和定制产品服务则为会员创造了独特的体验,从而提升整体满意度。

最后,设计忠诚计划。例如,积分兑换系统,鼓励会员持续消费和参与,同时定期征求他们的反馈并根据意见改进,这不仅能让会员感到自己的声音被重视,也有助于品牌更好地调整和完善服务。

通过上述多维度的策略,品牌可以构建一个有吸引力的会员服务体系,不仅提升了会员的满意度和忠诚度,还有可能通过会员的正面口碑吸引新客户。为了保持会员服务的新鲜感和吸引力,品牌应不断更新和优化福利内容,并利用数据分析工具来监控会员行为,以便更好地满足他们的需求和期望。

6.3.1.2　构建多层次的会员服务体系

构建一个多层次的会员服务体系可以帮助品牌更好地满足不同会员的需求和偏好,同时为会员提供升级激励。

（1）基础级别:所有顾客一开始都应享有基础级别会员服务,包括基本的购物优惠、积分累积以及免费赠品等。这些基础福利可以提升整体顾客体验并鼓励首次消费。

（2）中级级别：对于频繁购买或消费额较高的顾客，可以提供中级级别的会员服务。这可能包括更优惠的折扣、优先的客服支持、额外的积分奖励或生日特别礼物等。这些福利旨在奖励忠诚顾客并促使他们增加购买频率。

（3）高级级别：最高级别的会员通常是品牌的忠实粉丝，他们对品牌的贡献也最大。因此，这个级别的服务应该提供显著区别于其他级别的特权，如限量产品的预览权、定制服务、个人顾问以及对品牌活动的特邀参与等。此外，高级会员还可能享有特别的退款政策或兑换礼品的机会。

（4）尊贵级别：在某些情况下，还可以设立一个超越高级级别的尊贵级别，专为最顶级的会员设置。这一级别的会员可能会收到个人化定制的产品、专属活动邀请以及一对一的定制服务等。

在构建这个多层次的服务体系时，品牌需要确保每个级别的福利都有明确的区分，以确保会员有升级的动力。同时，品牌也应该提供透明的升级路径，让会员知道如何通过购买、推荐或其他方式来提升自己的会员等级。

为了管理这个多层次体系，品牌可以利用 CRM 系统来跟踪会员的购买历史、偏好和行为，从而提供更加个性化的服务。此外，品牌还应定期评估和调整会员服务的内容，确保它们符合市场趋势和会员期望的变化。

通过精心设计的多层次会员服务体系，品牌不仅能够提升顾客的忠诚度和增加顾客的生命周期价值，还能创建一个持续吸引新会员加入的积极循环。

6.3.1.3　提升会员忠诚度和持续参与度

为了提升会员的忠诚度和持续参与度，品牌需要采取一系列精心策划的策略。

首先，提供个性化体验是至关重要的，这可以通过分析会员数据来实现，确保每位会员都收到与他们偏好相符的产品推荐和内容。定期与会员沟通，分享有价值的信息和故事，可以增强他们的参与感并巩固社区归属感。

其次，实施一个奖励积分系统可以激励会员在购买和参与活动时积累积分，并通过积分兑换来增加他们的忠诚度。同时，鼓励会员提供反馈，并将他们的意见纳入产品或服务的发展中，可以提高会员的参与度和对品牌的认同。

为会员创造独特的活动和体验，如会员日或 VIP 派对，可以提供社交机会并增强会员对品牌的忠诚。保证产品和服务的高质量以及提供卓越的客户服务也是建立信任和忠诚度的基础。

构建不同级别的忠诚计划，让会员有动力升级，每个级别提供更具吸引力的福利，可以鼓励会员增加消费和参与。同时，通过提供有意义的回馈，如慈善捐赠选项或社会责任项目参与，可以吸引那些重视企业社会责任的会员。

品牌应定期评估会员计划的效果，并根据会员的反馈和市场趋势进行调整，以确保会员服务始终符合会员的期望。通过这些综合性策略的实施,品牌不仅能够提高会员的生命周期价值,还能通过会员的口碑推荐吸引新顾客,从而实现长期的品牌增长和成功。

6.3.2 鼓励用户打赏的策略

6.3.2.1 促进观众与创作者间的直接互动

为了鼓励用户打赏,品牌需要采取策略促进观众与创作者之间的直接互动。这可以通过创造互动性强的内容、在社交媒体上建立连接以及提供个性化感谢来实现。例如,创作者可以制作问答、投票或直播互动等参与度高的内容,以吸引观众并激发他们的打赏意愿。在社交媒体上分享幕后故事和实时更新,也可以增加观众的归属感,使他们更愿意支持喜欢的创作者。

此外,为打赏者提供徽章、特殊身份标签或独家内容访问权等特权,可以作为他们支持创作者的可见标志,增加打赏的吸引力。设置达成目标的挑战和激励,如达到一定打赏金额解锁特定内容或活动,也能激发观众的集体参与感。

透明地告知观众他们的打赏如何被用于支持创作者,可以增加信任感,而灵活的打赏选项和简化的流程则使打赏变得方便。定期举办的线上或线下活动,如粉丝见面会或直播问答,也是增加互动机会、鼓励打赏的有效方式。

通过这些综合性策略的实施,品牌不仅能够为创作者带来经济上的回报,还能够增强观众对品牌的忠诚度和参与度,建立起一个积极的赞赏和奖励生态系统。

6.3.2.2 培养健康的打赏文化和社区氛围

为了培养健康的打赏文化和社区氛围,品牌需要采取一系列措施来创造一个积极的环境,让用户感到打赏是一种愉快且有意义的行为。首先,强调打赏的积极影响,如支持创作者的创作自由和为社区带来更高质量的内容,可以激发用户的打赏动机。同时,鼓励创作者对打赏者表达真诚的感激之情,无论是通过视频致谢、社交媒体提及还是私人消息,这种感恩的态度可以让打赏者感到自己的贡献被重视。

促进社区成员之间的互动和讨论,鼓励用户分享他们的故事和体验,以及对创作者的支持,可以增强成员之间的联系,并鼓励更多的打赏行为。确保打赏系统的透明度和公平性,让所有用户都能清楚地看到他们的打赏如何被使用,以及它们对创作者和社区的具体影响,这可以增加用户的信任,促使他们更愿意参与。

尊重多样性并提供多样化的打赏选项,以适应不同用户的需求和偏好,可以确保每个用户都有机会以自己舒适的方式参与。对于不熟悉打赏文化的用户，提供教育资源来解释打赏的好处和流程，可以帮助新用户理解打赏的价值，并鼓励他们参与。

实施适当的监管来防止滥用和不当行为，确保所有的互动和打赏行为都遵循社区准则，维护一个健康和尊重的环境。通过这些综合性策略的实施，品牌可以帮助形成一个积极的打赏文化，其中用户感到他们的支持是被珍视和尊重的，这不仅有助于创作者获得必要的经济支持，还能够增强社区的凝聚力，为用户和创作者创造一个更加积极和支持性的环境。

6.3.2.3　设立透明机制保障创作者收益

为了保障创作者的收益并鼓励用户打赏，品牌需要设立一个透明的机制。这涉及制定明确且公开的收益分配规则，让观众清楚地了解他们打赏的金额中有多少是直接归创作者所得。同时，提供详细的财务报告和可查询的打赏记录，可以增加创作者和观众之间的信任，让观众了解他们的资金在合理地支持创作者的创作活动。

此外，创建创作者支持计划，明确说明平台如何使用打赏资金来支持创作者的各种活动，如提供创作工具、教育资源或赞助特定项目，这可以让观众看到他们支持的具体成果。实施严格的反欺诈措施，以防止虚假打赏或不当行为，确保所有交易的合法性，保护创作者和观众免受欺诈。

通过教会用户掌握关于打赏流程和机制的知识，让他们理解自己的资金是如何帮助创作者的，这种教育可以通过多种渠道进行。

最后，鼓励社区成员提供反馈，并根据这些反馈调整透明机制，确保它始终符合社区的需求和期望。

这样的透明机制不仅能够增强社区的信任和凝聚力，还能够鼓励更多的用户参与打赏，因为他们知道他们的资金正在有效地支持他们喜爱的创作者。这种公平和透明的环境是维护健康打赏文化和鼓励用户打赏的关键。

课后习题

1. 广告模式都有哪些?
2. 直播带货的流程与技巧有哪些?
3. 简述如何设立透明机制保障创作者收益。

第七章　新技术在短视频中的应用

本章将探讨 AR/VR、AI 人工智能、区块链与 NFT 等新兴技术如何革新短视频领域，从而改变内容的创作、体验和版权保护。这些技术不仅为观众带来更加沉浸和个性化的观看体验，也为创作者提供了新的工具和变现途径。随着这些技术的不断发展，短视频产业正迎来前所未有的发展机遇。

7.1　AR/VR 技术的融合

7.1.1　虚拟现实在短视频中的应用场景

7.1.1.1　虚拟旅游与教育体验

AR/VR 技术的融合为短视频平台带来了一场革命，特别是在虚拟旅游和教育体验方面。这些技术让用户以全新的方式探索世界和学习新知识，不受物理限制的束缚。

在虚拟旅游领域，用户可以通过 VR 头戴设备或通过智能手机和平板电脑上的 AR 应用（见图 7-1），沉浸在仿佛真实旅行的体验中。例如，用户可以站在纽约市的天际线前，感受摩天大楼高耸入云的壮观景象；或是漫步在古老的罗马街道上，观看历史建筑的细节。这些体验不仅为无法亲自前往的人们提供了替代方案，也为计划实际旅行的用户提供了一个预览的机会。

教育方面的体验同样得到了显著的提升。学生可以利用 VR 技术进行太空探索，感受宇宙的广阔和奇妙；或者利用 AR 技术观察细胞分裂和 DNA 复制的微观过程。这些互动体验不仅帮助学生更好地理解复杂的概念，也激发了他们的好奇心和探索欲。

此外，AR/VR 技术还可以在特殊教育领域发挥重要作用。例如，对于身体残疾或行动不便的学生，VR 可以提供一条通往外部世界的途径，让他们能够在虚拟环境中自由地探索和学习。而对于语言学习者，AR 应用可以创建沉浸式的语言环境,帮助他们更快地掌握新的语言技能。

图 7 - 1

随着 AR/VR 技术的不断进步,内容的质量和沉浸感正在日益提高。内容创作者正在寻找新的方法来利用这些技术,为用户提供更加个性化和互动的体验。例如,通过 AI 技术的结合,可以根据用户的偏好和兴趣自动推荐旅游目的地或教育主题,从而提供定制化的内容。

7.1.1.2　交互式剧情与游戏互动

随着 AR/VR 技术的融合,短视频平台正变得更加互动和沉浸,尤其是在交互式剧情和游戏互动方面。这些技术为用户提供了全新的参与方式,将观众从传统的旁观者角色转变为故事和游戏的活跃参与者。

在交互式剧情方面,内容创作者能够构建丰富的虚拟环境,让观众通过选择、动作甚至身体运动来影响故事的走向。这种类型的内容不仅增加了观众的参与感,还为每个人提供了独特的观看体验。例如,在一个悬疑剧中,观众可能需要扮演侦探的角色,通过收集线索和解谜来推动剧情发展。每个人的选择都会导致不同的结局,从而增加了内容的可玩性和重播价值。

游戏互动方面,AR/VR 技术为游戏设计师提供了前所未有的创意空间。通过这些技术,设计师可以创造出沉浸式的游戏环境,让玩家感觉自己真的置身于游戏世界中(见图 7 - 2)。在短视频平台上,这些游戏的精彩瞬间、策略分享或实时直播吸引了众多观众的关注。玩家可以在虚拟空间中与其他玩家合作或竞争,体验一种全新的社交互动形式。

此外,AR/VR 技术还为短视频平台带来了一种新的叙事工具——交互式纪录片。这些纪录片通过让观众参与到故事中,帮助他们更好地理解真实世界的事件和情境。例如,一个关于环境保护的纪录片可能允许观众通过虚拟现实亲身体验自然环境的变化(见图 7 - 3),从而增强了信息传递的效果和观众的同情心。

图 7 - 2

图 7 - 3

随着技术的发展,未来的交互式剧情和游戏互动将更加精细和多层次。内容创作者正在不断探索新的叙事技巧和游戏机制,以充分利用 AR/VR 技术的潜力。这些体验不仅改变了娱乐和游戏行业,也在逐步改变我们获取信息、学习和社交的方式。

AR/VR 技术在短视频平台上的应用为交互式剧情和游戏互动开辟了新的可能性。这些技术让用户能够以全新的方式参与到故事和游戏中,提供了更加个性化和互动的体验。随着技术的进一步发展,未来的短视频平台将能够提供更加逼真、互动和定制的体验,极大地扩展娱乐和游戏的边界。

7.1.2　增强现实的交互体验设计

7.1.2.1　实时信息叠加与注释

在实时信息叠加与注释方面,AR 技术为短视频内容增添了一层额外的信息。

例如,在一个关于历史建筑的短视频中,观众可以通过 AR 技术看到建筑物的历史信息和相关照片(见图 7-4),而无须离开现场或打开其他应用程序。这种实时的信息叠加和注释,不仅为观众提供了更丰富的信息,也增强了他们的参与感和沉浸感。

图 7-4

此外,实时信息叠加与注释还可以应用于新闻报道。记者可以利用 AR 技术在现场报道中添加实时的信息和数据,帮助观众更好地理解事件的背景和发展。这种交互式的报道方式,不仅提高了新闻的可读性和吸引力,也为观众提供了一个更加直观的理解方式。

在教育领域,学生可以利用 AR 技术在学习过程中添加实时的信息和注释,如在阅读文本时看到相关的图片、视频或 3D 模型(见图7-5)。这种交互式的学习方式,不仅帮助学生更好地理解和记忆信息,也激发了他们的学习兴趣和动力。

图 7-5

7.1.2.2 虚拟试穿与产品展示

增强现实（AR）技术正在短视频平台上创造出全新的用户体验。通过在真实世界中叠加数字信息和互动元素，AR 技术不仅丰富了用户的日常体验，还为内容创作者和品牌提供了创新的互动方式。

在电商领域，AR 技术的应用尤其引人注目。短视频平台上的虚拟试穿功能允许用户通过摄像头实时看到衣物、眼镜或化妆品等商品在自己脸上或身上的样式（见图 7-6）。这种互动体验降低了线上购物的不确定性，因为用户可以在实际购买前，直观地评估商品的外观和适配性。

图 7-6

对于品牌而言，利用 AR 技术进行产品展示可以提供更具吸引力的视觉内容。短视频中的产品 3D 模型可以被用户以不同角度观看，甚至与现实世界环境相结合，展示出产品的细节和特色。例如，家具和家电品牌能够让用户在自己的家中虚拟摆放产品，帮助他们更好地想象产品在自己生活空间中的实际应用。

除了时尚和家居领域，AR 技术还可以应用于汽车行业。消费者可以通过短视频体验汽车内饰的虚拟漫游，感受不同的配置和颜色选项（见图 7-7），甚至在不前往展厅的情况下进行车辆定制。

图 7-7

随着技术的不断进步，AR 体验正变得越来越智能和个性化。通过结合人工智能和机器学习，AR 应用能够根据用户的偏好和历史行为推荐产品（见图 7-8），提供定制化的购物体验。这种个性化不仅增加了用户满意度，也提高了转化率和品牌忠诚度。

图 7 - 8

在教育领域,AR 技术同样展现出巨大潜力。学生可以在学习过程中通过 AR 模型进行实验和探索,使抽象概念变得直观易懂。例如,生物学学生可以通过 AR 模型观察 DNA 复制过程,而地理学学生可以探索不同地貌的形成过程(见图 7 - 9)。

图 7 - 9

增强现实的交互体验设计为短视频平台带来了新的可能。通过虚拟试穿与产品展示,内容创作者和品牌可以提供更加丰富、互动和个性化的体验。随着 AR 技术的进一步发展,未来的短视频平台将能够提供更加逼真、互动和定制的体验,极大地扩展电商、教育和其他多个领域的边界。

7.2 AI 人工智能在创作与审核中的应用

7.2.1 AI 在视频编辑中的应用

7.2.1.1 智能剪辑与场景识别

AI 技术在视频编辑领域的应用正变得越来越普遍,尤其是在智能剪辑与场景识别方面。这些技术可以帮助内容创作者快速地处理大量视频资料,提取精彩瞬间,并自动生成符合特定主题或风格的视频剪辑。

智能剪辑利用 AI 算法分析视频内容,自动识别关键帧、人物、对象以及场景变化(见图 7-10)。这种技术可以大大减少手动编辑所需的时间和精力,使创作者能够快速制作出高质量的短视频。例如,一个旅游短视频创作者可以使用智能剪辑工具自动高光显示旅程中的最佳时刻,而不是花费数小时手动选择和编辑这些片段。

图 7-10

场景识别功能进一步扩展了智能剪辑的能力。AI 可以识别视频中的不同场景,如城市景观、自然风光、人群聚集等,并根据这些信息自动调整视频的流畅度和节奏。这允许创作者根据识别出的场景来定制视频的叙事结构,从而创造出更具吸引力和故事性的内容。

此外,AI 还能够通过分析用户的观看习惯和反馈来优化视频推荐。平台可以利用 AI 对用户行为进行分析,预测用户可能喜欢的视频类型,并向他们推荐相应的内容。这不仅增强了用户体验,也帮助内容创作者扩大了观众群体。

通过深度学习算法,AI 可以自动检测视频中的违规内容,如暴力、色情或侵权材料,并标记出来供人工复审。这种自动化的审核流程大大提高了审核效率,确保平台上的内容符合法规要求和社会标准。

AI 在视频编辑和审核中的应用为短视频平台带来了巨大的便利和优势。智能剪辑与场景识别等功能不仅提高了创作效率,也丰富了内容的形式和质量。随着 AI 技术的不断进步,未来短视频领域的创作和审核将更加智能化、个性化,为用户提供更优质的观看体验。

7.2.1.2　自动化后期处理与特效生成

随着 AI 技术的不断进步,自动化后期处理和特效生成已经成为短视频创作中不可或缺的一部分。利用先进的机器学习模型和图像处理算法,AI 可以自动执行一系列复杂的后期任务,包括但不限于色彩校正、亮度调整、画面稳定以及降噪处理。这些自动化的后期处理功能大大节省了创作者的时间,使得他们能够快速发布高质量的内容。

在特效生成方面,AI 允许创作者通过简单的界面添加复杂的视觉效果(见图 7-11),如模拟天气变化、动态背景、面部识别滤镜等。AI 特效工具可以根据视频内容和音乐节奏自动产生同步的视觉特效,为短视频增添更多动感和娱乐性。此外,AI 还可以辅助创作者实现更复杂的特效合成,如绿幕效果去除、场景深度估计和三维重建,这些通常需要专业软件和技能才能完成。

图 7-11

AI还能够对视频进行智能优化,根据内容和目标观众的特点自动调整视频的格式和编码。这确保了视频在不同设备和网络环境下都能够提供最佳的观看体验。

7.2.2 机器学习在内容推荐系统的作用

7.2.2.1 用户行为分析与模式识别

机器学习在内容推荐系统中的作用非常广泛,主要包括以下几个方面:

(1) 个性化推荐:机器学习能够分析用户的历史行为数据,如浏览历史、购买记录、评分和评论等。通过这些数据,算法可以构建用户的个人兴趣模型,并据此为用户推荐内容。

(2) 协同过滤:协同过滤是推荐系统中广泛使用的一种方法,它基于用户之间的相似性或物品之间的相似性进行推荐。

用户协同过滤(User-based Collaborative Filtering)通过找到相似用户来推荐他们喜欢的物品。

物品协同过滤(Item-based Collaborative Filtering)则是通过分析用户之前喜欢的物品,来寻找相似的其他物品进行推荐。

(3) 实时更新与自适应调整:推荐系统利用机器学习算法可以实时更新推荐列表,根据用户的最新行为和反馈进行自适应调整,确保推荐内容的时效性和准确性。

(4) 多样化与新颖性:为了避免用户陷入信息茧房,推荐系统需要在保证推荐质量的同时,增加推荐内容的多样性和新颖性。

(5) 群体性推荐:除了个性化推荐,机器学习还能根据用户群体的细分进行推荐,进一步提升推荐效果,满足不同用户群体的需求。

(6) 流量导向与商业目标:推荐系统可以帮助商家扩大品牌知名度,促进客户忠诚度,提高品牌形象。机器学习算法可以优化推荐策略,以实现商业目标,如提高点击率、转化率等。

(7) 技术实现与算法选择:机器学习提供了多种算法和技术来实现推荐系统,如基于内容的推荐、协同过滤、深度学习模型等。选择合适的算法对于推荐系统的性能至关重要。

机器学习在内容推荐系统中扮演着至关重要的角色,从个性化推荐到实时更新,再到商业目标的实现,机器学习技术都是推动推荐系统发展的关键因素。随着技术的不断进步,未来的推荐系统将更加智能化和精准化,为用户提供更优质的内容发现和推荐体验。

7.2.2.2 个性化推荐算法的优化

个性化推荐算法的优化是机器学习在内容推荐系统中的重要任务,旨在提升用户体验和满足商业目标。

(1)深度学习模型的应用:利用深度神经网络(DNN)可以捕捉用户行为和内容特征之间的复杂关系,提高推荐的精确度。例如,使用多层感知机(MLP)或自动编码器对用户和项目的潜在因子进行建模。

循环神经网络(RNN)和其变种如长短时记忆网络(LSTM)特别适合处理具有时间序列的数据,如用户观看历史,以预测未来的互动。

卷积神经网络(CNN)在图像和视频推荐中表现出色,能够从视觉内容中提取特征,并为用户推荐视觉上相似的内容。

Transformer 及其变种(如 BERT)在处理用户行为序列时能捕捉长距离依赖性,为推荐系统提供更精细的上下文信息。

(2)集成学习和多模型融合:结合多种推荐系统模型,如将基于内容的推荐(CBR)与协同过滤(CF)相结合,利用矩阵分解和邻域方法的互补优势。应用模型融合技术,如混合推荐系统,其中规则引擎与机器学习模型并行工作,确保系统的鲁棒性和灵活性。

(3)上下文感知推荐的深化:引入用户的上下文信息,如时间、地点、天气或设备类型,使推荐更具时效性和相关性。开发上下文感知的推荐框架,该框架能根据当前环境动态调整推荐策略,以适应用户的具体情境。

(4)多目标优化的实施:设计推荐系统时同时关注多个业务指标,如点击率(CTR)、用户停留时间、转化率等,通过多任务学习达成综合优化。引入多样性、新颖性和公平性作为推荐质量的评价指标,以平衡不同用户群体的需求和体验。

(5)强化学习的探索:采用强化学习方法,将用户的交互行为视作一个序列决策过程,并通过定义奖励机制来引导更好的推荐策略的形成。利用强化学习框架进行实时策略调整,以实现长期的用户满意度最大化。

(6)增加可解释性和透明度:提供推荐解释,如通过展示推荐理由或解释推荐背后的算法逻辑,增强用户对推荐系统的信任感。开发可解释的推荐模型,如基于规则的方法或带有注意力机制的模型,使推荐过程更加透明。

(7)隐私保护的强化:在算法设计中加入隐私保护措施,如使用差分隐私技术来防止用户数据泄露。确保推荐系统遵循相关的数据保护法规,如欧盟通用数据保护条例(GDPR)。

(8)建立有效的反馈机制:鼓励用户通过评分、评论或点赞等方式提供显式反馈,以便系统更好地理解用户的偏好。分析用户的隐性反馈,如浏览和点击行为,用以评估和改进推荐效果。

（9）A/B测试的常规化：定期运行A/B测试，对比不同的推荐算法或参数配置的效果，科学地确定最佳的推荐方案。利用A/B测试结果进行迭代优化，持续提升推荐系统的性能。

（10）迁移学习和跨域推荐的探索：在面临冷启动问题或数据稀疏性挑战时，运用迁移学习技术，将知识从一个领域转移到另一个领域，以提高推荐的覆盖率和准确性。利用跨域推荐的技术，将不同领域的数据和模型结合起来，以增强推荐系统的泛化能力。

通过这些细化的优化措施，个性化推荐算法将能够更准确地识别和满足用户需求，提供更丰富和满意的内容推荐，从而显著提升整个短视频平台的用户黏性和参与度。随着技术的不断进步，我们可以期待未来的推荐系统将实现更高级别的智能化和个性化，为用户提供卓越的内容发现和推荐体验。

7.3 区块链与 NFT 对版权保护的影响

7.3.1 区块链技术在版权管理中的应用

7.3.1.1 不可篡改的版权记录

在数字时代，创作内容的版权保护面临前所未有的挑战。互联网的广泛应用使复制和分发数字内容变得异常容易，这为版权侵犯提供了温床。在这样的背景下，区块链技术以其独特的优势应运而生，为版权保护带来了新的希望。

（1）技术基础：区块链是一种分布式数据库，通过加密的方式保证数据的一致性和安全性。每个数据块（区块）都包含一定数量的交易信息，并通过哈希值与前一个区块链接在一起，形成链状结构（见图 7-12）。一旦数据被添加到区块链中，修改这些数据需要重新计算所有后续区块的哈希值，这在实践中几乎是不可能的，尤其是在大型的、分布式的区块链网络中。

（2）应用于版权记录：区块链提供了一个去中心化的平台，用于存储和验证版权信息。当作品创建时，相关信息（如作品的数字化指纹、作者身份、创作时间等）可以被编码成一个交易，并加入区块链中。

加入区块链后，这些信息变得不可篡改，并且由于区块链的透明性，任何人都可以验证这些信息的真实性。这为版权所有者提供了一个强大的确权工具。

图 7 - 12

（3）影响与优势：区块链与 NFT 技术对版权保护产生了革命性的影响，尤其在版权管理领域展现出显著的应用潜力。通过区块链技术，版权记录变得不可篡改，为作品的版权信息提供了确凿的证据，这强化了确权过程。同时，区块链的透明性和可追溯性特点允许所有交易公开可见，不仅增加了作品使用情况的透明度，还使得作品的使用历史可以被有效追踪（见图 7 - 13）。此外，利用智能合约功能，版权交易和授权可以无须第三方中介自动执行，大幅度降低了管理成本和交易费用。这些特性共同提高了版权所有者、创作者和消费者之间的信任度，建立了新的信任机制。随着技术的不断进步和法律框架的完善，区块链与 NFT 在版权保护方面的应用将更加广泛和深入。

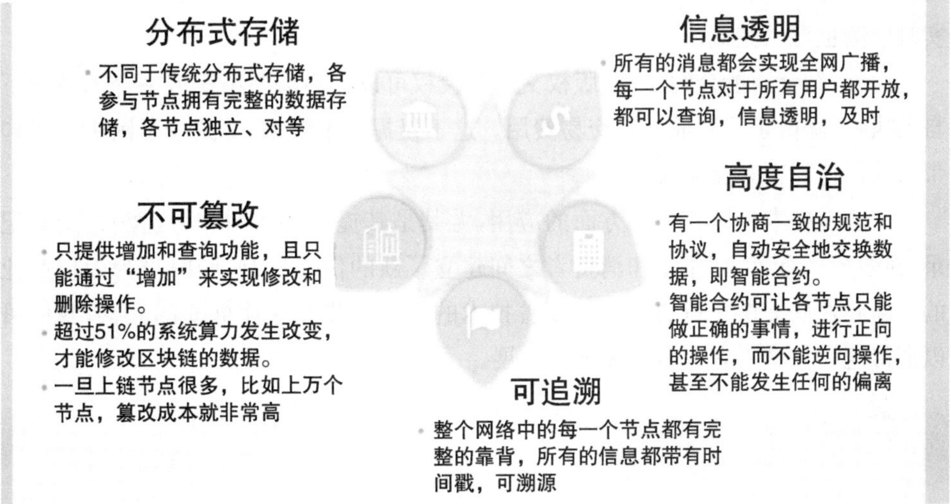

分布式存储
· 不同于传统分布式存储，各参与节点拥有完整的数据存储，各节点独立、对等

信息透明
· 所有的消息都会实现全网广播，每一个节点对于所有用户都开放，都可以查询，信息透明，及时

不可篡改
· 只提供增加和查询功能，且只能通过"增加"来实现修改和删除操作。
· 超过51%的系统算力发生改变，才能修改区块链的数据。
· 一旦上链节点很多，比如上万个节点，篡改成本就非常高

高度自治
· 有一个协商一致的规范和协议，自动安全地交换数据，即智能合约。
· 智能合约可让各节点只能做正确的事情，进行正向的操作，而不能逆向操作，甚至不能发生任何的偏离

可追溯
· 整个网络中的每一个节点都有完整的靠背，所有的信息都带有时间戳，可溯源

图 7 - 13

（4）挑战与限制：尽管区块链在版权保护方面具有明显的优势，但也存在一些

挑战,如技术复杂性、监管环境的不确定性以及公众对于区块链理解度不足等。此外,虽然区块链可以证明某个特定版本的创作内容在某个时间点存在于区块链上,但它并不能防止作品在上链之前或之后的版权侵犯行为。

(5)未来展望:随着区块链技术的发展和相关法律框架的完善,预计区块链将在版权保护领域扮演更加重要的角色。结合 NFT(非同质化代币)等新兴技术,区块链不仅能够提供更加严密的版权保护机制,还能够开辟新的商业模式和收入来源,如通过代币化使版权所有者能够从二次市场中获益。

区块链技术在版权管理领域的应用,特别是不可篡改的版权记录,为解决长期以来困扰版权保护的问题提供了创新的解决方案。它不仅提高了版权保护的效率和可靠性,还有助于建立更加公平和透明的版权管理体系。

7.3.1.2 透明的版权交易与追踪

区块链与 NFT 技术为版权保护带来了透明性与可追溯性的交易记录,优化了版权管理流程,并增强了版权作品的安全性。

(1)透明性:区块链技术的公开性确保了所有交易都是可见的,任何人都可以验证这些信息的真实性。这种特性不仅增加了作品使用情况的透明度,还允许跟踪作品的使用历史。通过这种透明性,区块链能够提供一个清晰的、不可篡改的版权交易记录,从而使得版权的流转过程对所有相关方都是开放的。

(2)可追溯性:由于区块链上的信息具有不可更改的特性,它为版权作品的确权提供了最优解决方案。每个节点都有作品信息的副本,保障了作品的完整性并且易于追踪。这意味着即使某个节点被破坏,其他部分仍然可以正常运作,全网的实时监测也可以完成。

此外,结合智能合约功能,版权交易和授权可以在不需要第三方中介的情况下自动执行,降低了管理成本和交易费用。这不仅提高了效率,也减少了因中介机构带来的信任问题和交易成本。

区块链技术在版权保护方面的应用,尤其是其提供的透明和可追溯的交易记录,在版权所有者、创作者和消费者之间建立了新的信任机制,同时也为版权产业的创新和发展提供了新的内核。随着技术的不断进步和法律框架的完善,我们可以期待这一领域将有更多的突破和发展。

7.3.2 NFT 如何赋能创作者经济

7.3.2.1 数字艺术品的独特性与稀缺性

NFT 为创作者经济提供了一种全新的赋能机制,尤其在数字艺术品领域表现出独特的价值。在数字经济时代,艺术家和创作者面临的一大挑战是如何在数字环境中保护和营利他们的作品,尤其是保持作品的独特性和稀缺性。NFT 的出现为解决这一挑战带来了希望。

(1) 独特性:NFT 通过加密的方式为数字艺术品创建了一个独一无二的身份标识,确保了每个 NFT 都是唯一的。这种独特性不仅体现在作品本身,还体现在所有权的证明上。由于每个 NFT 都包含有关其创建、销售以及所有权历史的信息,这为数字艺术品提供了无法复制的身份认证。

(2) 稀缺性:尽管数字文件可以无限复制,但 NFT 通过区块链技术保证了只有一定数量的特定版本被认为是正版。这意味着即使作品的数字副本在网上广泛流传,被代币化的版本仍保持其稀缺性。对于收藏家而言,拥有一个经 NFT 验证的正版数字艺术品具有特别的收藏和投资价值,这与物理艺术品的唯一性和有限性相似。

(3) 赋能创作者经济:利用 NFT,艺术家可以直接向消费者出售作品,绕过传统的中介,如艺术画廊和拍卖行,从而可能获得更高的收入份额。NFT 使得创作者能够为他们的作品设置价格,并通过版税机制获得作品转售时的分成。创作者还可以利用智能合约,为作品附加特殊的许可或限制,如允许买家展示作品或限制其商业使用范围。

(4) 市场影响:随着 Beeple 等艺术家创作的数字艺术品以数百万美元的价格售出,NFT 在艺术界的影响力日益增长,吸引了传统艺术市场的注意。NFT 正在改变人们对数字艺术品价值和所有权的看法,推动了艺术和收藏品市场的民主化,为更多的创作者打开了进入市场的大门。

(5) 持续挑战:尽管 NFT 提供了新的机遇,但也面临诸如法律不确定性、市场波动性以及创作者和消费者对区块链和加密货币知识的要求等挑战。环保问题也是人们关注的焦点,因为像以太坊这样的区块链平台的运算需要大量的能源消耗。

NFT 通过确保数字艺术品的独特性和稀缺性,为艺术家和其他创作者提供了新的收入来源和市场机会。这不仅改变了艺术品的买卖方式,也为整个创作者经济的发展开辟了新的道路。随着时间的推移,我们可以期待看到 NFT 如何在其他创作领域产生类似的影响。

7.3.2.2　创作者直接受益的新商业模式

NFT 的崛起为创作者带来了新的商业模式,这些模式让创作者能够直接从其作品中获得收益,并更紧密地与他们的粉丝和消费者互动。

(1) 直接销售:通过 NFT 平台,创作者可以绕过传统的中介机构,如画廊或唱片公司,直接将作品销售给消费者。这意味着创作者可以保留更大的利润份额,并且对作品的定价和销售条件有更多的控制权。

(2) 版税机制:利用智能合约,创作者可以在作品的每次转售中自动获得一定比例的版税。这种持续的收益模式为创作者提供了被动收入,并确保了他们对自己作品的长期投资有回报。

(3)粉丝参与:创作者可以通过 NFT 创造特殊的粉丝体验,如提供 VIP 服务、私人工作室访问或一对一的互动机会。这些特权可以通过 NFT 的购买来获得,增加了粉丝的参与度并为创作者带来额外的收入。

(4)社区建设:通过在区块链上发行 NFT,创作者可以建立一个由支持者组成的社区。这个社区的成员可能会获得未来项目的预览、投票权或其他形式的参与机会,这有助于创作者维持忠实的粉丝基础。

(5)多版本和扩展产品:创作者可以发布作品的多个版本或与实体商品结合的 NFT,如限量版打印品、艺术品原件或其他衍生产品。这些产品可以作为 NFT 购买的一部分,或者作为单独的销售项,进一步增加了创作者的收入渠道。

(6)跨界合作:创作者可以利用 NFT 与其他艺术家或品牌进行跨界合作,创造独特的联名产品。这不仅扩大了受众范围,也为双方带来了新的市场机会。

(7)知识产权保护:由于 NFT 提供了作品所有权的清晰记录,它可以帮助保护创作者的知识产权。这对于防止未经授权的复制和销售至关重要,确保创作者能够从自己的创意劳动中获得应有的报酬。

NFT 为创作者提供了一种新的、更加直接和有利的商业模型,使他们能够以前所未有的方式货币化他们的数字创作,并与粉丝建立更紧密的联系。随着这一领域的不断发展,创作者将继续探索新的商业模式,以适应不断变化的市场和技术环境。

课后习题

1. 简述虚拟现实技术在短视频中都有哪些应用。
2. 简述人工智能在短视频中都有哪些应用。
3. 简述什么是 NFT。

结　语

　　《短视频创作与运营》旨在为读者揭示短视频领域的深层动态和潜在趋势。随着技术的不断进步和社会的日益变迁,短视频行业展现出了无限的可能性和活力。展望未来,我们可以预见到虚拟现实、增强现实、人工智能等技术将更深入地融入短视频内容的创作和体验之中,带来更为丰富的用户互动和个性化体验。同时,随着 5G 网络的普及和云计算技术的发展,短视频的生产和分发方式也将发生革命性的变化。

　　在这个快速发展的环境中,创作者和运营者面临的挑战与机遇并存。一方面,市场竞争愈发激烈,内容的同质化现象亟待突破;另一方面,新技术和新平台的涌现也为创新思维和战略布局提供了广阔的舞台。本书不仅提供了对当前短视频行业的深刻洞察,也试图为未来的发展趋势提供指引。

　　对于读者而言,无论你是短视频行业的从业者,还是对这一领域充满热情的学习者,我们都希望本书能够启发你的思考,激发你的创造力。我们鼓励你保持对新知的好奇心,勇于尝试,不断创新,以开放的心态迎接每一个挑战。记住,每一次的尝试都可能成为通往成功的阶梯。

　　最后,我们希望你在《短视频创作与运营》的陪伴下,不仅能够把握现在,更能开启对未来的探索之旅。让我们共同期待,在不远的将来,你能在短视频的宇宙中,创造属于自己的星辰大海。